*Gerbert Grohmann* · Lesebuch der Pflanzenkunde

*GERBERT GROHMANN*

# LESEBUCH DER PFLANZENKUNDE

VERLAG FREIES GEISTESLEBEN

CIP-Titelaufnahme der Deutschen Bibliothek

*Grohmann, Gerbert:*
Lesebuch der Pflanzenkunde / Gerbert Grohmann. [Ill. vom Verf.]. – 10. Aufl. – Stuttgart : Verl. Freies Geistesleben, 1988

ISBN 3-7725-0500-7

10. Auflage 1988

Druck: Druckhaus Beltz, Hemsbach

## *INHALTSÜBERSICHT*

## *Pflanzen sind Kinder der Sonne, die auf der Erde wachsen*

Wer auch nur ein wenig beobachtet und nachgedacht hat, der wird wissen, daß es ohne die Sonne keine Pflanzen auf der Erde geben würde. Könnte doch die Erde kein einziges Gewächs hervorbringen, wenn sie nicht immerfort angestrahlt würde! Licht- und wärmespendend steht die Sonne am Himmel gleich einem liebenden Auge. Ihr Strahlenblick ist Schöpferkraft.

In diesem Buche soll aufgezeigt werden, wie die Sonne es macht, wenn sie Pflanzen hervorruft, Stufe um Stufe, bis zuletzt Blüten und Früchte entstehen können.

Im Sommer ist die Sonnenkraft natürlich am stärksten, während der Wintermonate dagegen kann sie nicht so tief in die Erde eindringen, weil ihre Strahlen schräg auffallen und dadurch auch die Luft so kalt ist. So kommt es denn, daß das Pflanzenwachstum im Winter stillesteht. Sobald aber der Sonnenbogen am Himmel größer wird, wenn unser Tagesgestirn weiter im Osten aufgeht und weiter westlich hinter dem Horizont verschwindet und wenn die Schatten täglich kürzer werden, weil die Sonne natürlich auch höher am Himmel emporsteigt, dann beginnt es sich über und unter der Erde zu regen. Man weiß gar nicht, wo überall Pflanzenkeime verborgen waren, und ist überrascht und entzückt, so viele Blätter, Halme und Blüten hervorsprießen zu sehen. Auch die Bäume machten im Winter den Eindruck, als ob sie abgestorben wären, doch jetzt beginnen die Knospen zu schwellen, und Blätter und Blüten beginnen sich zu entfalten. Die Sonne hat sie aus ihrer Winterruhe hervorgelockt. Bald haben es auch die Bienen gemerkt. Fröhlich summend brummt es wie in einer Orgel, so emsig sind die Bienen tätig, und welche Freude ist es erst, wenn auch Schmetterlinge durch die Luft flattern! Das alles hat die Sonne bewirkt! Auch unsere Blumen am Fenster treiben jetzt neue Blätter und Blüten. Im Garten und auf den Feldern aber beginnt die Arbeit für den Menschen, denn die Erde muß für die neue Bestellung vorbereitet werden!

Wenn wir uns die Pflanzen erst genauer betrachten, so erkennen wir auch die unbegreifliche Vielfalt. Ist doch jede Art anders gebildet! Gräser, Kräuter, Stauden, Sträucher und Bäume folgen ihren eigenen strengen

Gesetzen. Wenn man alle zusammen betrachtet, ahnt man das Wunder der Schöpfung, und je genauer man es kennenlernt, um so mehr muß man es bewundern.

Nachdem wir nun die Herrlichkeit der Sonne erwähnt haben, muß aber auch die Mutter Erde gebührend gewürdigt werden, denn wer da glauben wollte, daß die Sonne allein alles könnte, der irrt sich sehr. Wir nehmen ja ganz deutlich wahr, wie sich die Pflanzenwurzeln in das finstere Erdreich hinein erstrecken. Sie sehen nicht grün aus wie die vom Licht getroffenen Teile, sie sind auch nicht farbig wie Blüten und Früchte. Daß die Wurzeln wachsen können, kommt daher, daß auch die Erde Leben in sich hat, ein anderes zwar, als die Sonne es spendet, aber dennoch ein starkes und regsames. Sie liebt ihre Pflanzen, diese Erde, und hält sie fest in ihrem Muttergrunde. Alles, was sich auf der Erde ereignet, wird den Pflanzen zuteil. Wenn es regnet, saugt die Erde das Wasser auf und führt es den Pflanzen zu. Es ist eine schöne Aufgabe für einen Naturbeobachter, einmal nachzuspüren, wie anders die Pflanzendecke an solchen Orten der Erde aussieht, wo wenig Regen fällt oder wo das Regenwasser gleich wieder versickert, als dort, wo viel Feuchtigkeit im Boden enthalten ist. Man braucht ja nur an sandige Gegenden oder an Steppen und Wüsten zu denken, dann erkennt man eben, daß die Sonne gar nichts ausrichten könnte, wenn nicht auch die Erde das Ihrige entgegenbrächte.

Aber auch darauf muß man sein Augenmerk richten, aus welchen Gesteinsschichten und Erdarten der Boden zusammengesetzt ist. So kann z. B. die prächtige Arnika den Kalk nicht vertragen. Man findet sie deshalb nur in solchen Gegenden, wo kein Kalk ist, so daß man oft schon an den Pflanzen feststellen kann, wo sich die Zusammensetzung des Erdbodens ändert. Solche Zusammenhänge von Erdboden und Pflanzendecke gibt es in großer Zahl. Für den Landwirt und den Gärtner sind sie von Bedeutung. Die Erde gibt der Pflanze nicht nur die Wurzel, ihre Stoffe dringen durch die Wurzeln in die ganze Pflanze ein.

Man sieht also, daß Sonne und Erde zusammenwirken müssen, wenn Pflanzen wachsen sollen. Für die Pflanzen ist die Sonne der Vater, die Erde aber ist die Mutter.

## *Vom Wunder der Blüten*

Das Vollkommenste und auch das Schönste, was die Pflanze hervorzubringen vermag, ist die Wunderwelt der Blüten. Die Pflanzen müssen, bevor sie blühen können, grüne Blätter und Stengel gebildet haben. Dann kommt ein Punkt, wo es fast aussieht, als ob das Wachstum schon zu Ende wäre. Aber es scheint eben nur so, denn wenn man genauer hinsieht, kann man wahrnehmen, daß sich da drinnen in den grünen Sprossen etwas vorbereitet. Die Knospen bilden sich. Wer aber könnte es ahnen, was da in aller Stille und Verborgenheit vor sich geht, wenn er es nicht schon früher beobachtet hätte!

Zunächst ist die Knospe von den grünen Kelchblättern eingeschlossen. Sie wird größer und deutlicher, bis schließlich der Augenblick herannaht, in welchem sich das Unbeschreibliche enthüllt. Trotzdem man es schon weiß, ist es doch jedesmal wieder eine Überraschung. Meistens vollzieht es sich in den Morgenstunden. Langschläfer merken nichts davon; wer aber früher aufsteht, der kann sich neben eine Pflanze hinstellen und es mit ansehen. Es dauert nämlich gar nicht so lange! Selten kann man die Bewegungen, welche eine Pflanze ausführt, mit seinen Augen verfolgen. Bei den Blüten kann man es.

Ein sehr schönes Beispiel ist der Mohn. Seine Knospen hängen zunächst an gekrümmten Stielen nach unten, aber kurz bevor sie erblühen, richten sie sich auf. Der Mohn hat nur zwei, manchmal auch drei Kelchblätter, die wie Eierschalen geformt sind. Das Erblühen kündigt sich an, wenn man zwischen diesen Kelchblättern einen farbigen Spalt wahrnimmt. Von da an macht dann die Entfaltung rasche Fortschritte. Es ist, als ob die Knospe von innen her gesprengt würde. Während die Kelchblätter bei den meisten anderen Pflanzen einen bleibenden grünen Stern unterhalb der farbigen Krone bilden, werden sie beim Mohn abgeworfen.

Aber wie seltsam mutet es an, wenn die Blütenblätter des Mohnes sichtbar werden! Sind sie doch zunächst knittrig zusammengefaltet, so daß man sich gar nicht vorstellen kann, daß sie sich einmal zu ihrer glänzenden Glätte ausbreiten. Und doch kann man mit Augen verfolgen, wie es geschieht, wenn man nur Geduld hat. Ruck um Ruck breiten sie sich aus. Schließlich leuchtet die farbige Krone in ihrer jungen Pracht.

Und welch ein Wunder nimmt man wahr, wenn man in das Innere der Blüte hineinblickt! Dort wimmelt es von schwarzvioletten Staubgefäßen. In deren Mitte aber steht der dicke Stempel mit seinem sternstrahlig gerippten Schirmdach. Am Grunde eines jeden Blumenblattes rundet sich ein großer schwarzer Fleck. Er sieht aus, als ob die Staubgefäße abgefärbt hätten. Niemand wird es jemals vergessen, der die Entfaltung einer Blüte anschauend miterlebt hat.

So wie beim Mohn geht es aber nicht bei allen Blüten vor sich. Es gibt nämlich auch solche, bei welchen schon der Kelch die Beschaffenheit farbiger Blumenblätter angenommen hat. Um nur zwei Beispiele zu nennen, seien die Tulpe samt ihrer Verwandtschaft und die Sumpfdotterblume erwähnt. Deren Knospen sehen zwar zunächst ebenfalls grün aus, zuletzt aber geht das Grün in Farbigkeit über, und wenn der Augenblick des Erblühens da ist, kann man diese Kelchblätter von Blütenblättern nicht mehr unterscheiden. So macht es die Sumpfdotterblume.

Manche Blüten sind besonders merkwürdig gebildet. Nehmen wir z. B. die allbekannte Gartenschwertlilie! Sie hat sechs Blumenblätter, von denen aber nur drei aufgerichtet sind und sich oben zusammenneigen. Die anderen drei hängen wie Zungen herunter, mit den aufgerichteten abwechselnd. Sie sind durch Regenbogenfarben bunt geziert. Außerdem trägt jedes oben ein Pelzchen.

Kehren wir aber nochmals zu dem eigentlichen Wunder zurück, als welches wir eine Blüte doch betrachten müssen! Welcher Künstler ist es, der diese Herrlichkeit zustande bringt? Kann es etwa die Erde sein mit ihrer feuchten Finsternis? Das wird niemand annehmen.

Anders ist es, wenn wir an die Sonne denken. Sieht man es den Blüten nicht an, daß sie Geschöpfe des Lichtes und der Wärme sind? Farben können doch nur durch das Licht entstehen, wie man schon am Regenbogen sieht. Schließlich wird doch jeder zugeben müssen, daß die Blüten überhaupt das Zarteste und Hinfälligste sind, das es an der Pflanze gibt. Sie kommen einem wie angewachsene Flammen vor. Sie wärmen nicht und leuchten nicht, aber durch das Licht und die Wärme sind sie gebildet; und jetzt versteht man auch, warum die grüne Pflanze ihr gewöhnliches

Wachstum zunächst einen Augenblick zurückhalten mußte. Wäre sie nämlich einfach weitergewachsen, so hätte sie von der Sonne nicht so gründlich umgewandelt werden können. Es muß gleichsam eine zweite, eine zartere und schönere Pflanze auf der ersten wachsen. Das ist eben die Blüte. Auch ihre Stern- oder Sonnenform offenbart es uns: Himmlische Bildekräfte müssen dabei im Spiele sein.

Im nächsten Abschnitt soll die Blüte noch von einer ganz anderen Seite her betrachtet werden.

## *Blumen und Insekten gehören zusammen*

*Gleich und gleich*

Ein Blumenglöckchen
vom Boden hervor
war früh gesprosset
im lieblichen Flor;
da kam ein Bienchen
und naschte fein: —
die müssen wohl beide
für einander sein.

GOETHE

Wer einmal aufmerksam zugesehen hat, wie eine Hummel eine Taubnesselblüte besucht, der wird sich vielleicht gewundert haben, wie genau die Hummel in diese Blüte hineinpaßt. Der kräftige Rüssel paßt in die innere Blumenröhre; die Unterlippe der Taubnesselblüte dient der Hummel zum Festhalten mit den Beinen, und der Rücken der Hummel paßt in die gewölbte Oberlippe der Blüte. Dort befinden sich nämlich die Staubgefäße und die Narbe. Will nun die Hummel zu dem süßen Nektar gelangen, welcher ganz hinten in der Blumenröhre fließt, so muß sie sich anstrengen und sich mit Gewalt in die Blüte hineinzwängen. Die Blüten aber wollen die Insekten einhüllen. Sie tasten sich nach ihnen hin, und die Insekten kommen den Blumen entgegen. So findet das eine das andere.

*Vergrößerte Blüte der weißen Taubnessel. Sie bildet die Hummel als Hohlform nach.*

Manche Blüten machen es den Insekten weniger schwer als die Taubnessel. Da brauchen diese Tiere nur auf dem gedeckten Tisch herumzuklettern und alle Köstlichkeiten einzuheimsen. Deshalb sieht man denn auch auf solchen Blüten alle möglichen Insekten nebeneinander herumkrabbeln, außer Schmetterlingen und Bienen noch Käfer und Fliegen. Jedes findet, was es eifrig sucht. Blüten solcher Art sind die Schirmblütler oder Doldengewächse wie z. B. die wilde Möhre.

Wer Blumen öfter aufmerksam betrachtet, der wird aber auch daraufkommen, daß viele etwas mit Schmetterlingen zu tun haben müssen. Lassen sich Blumenblätter nicht mit Schmetterlingsflügeln vergleichen? Einfache Blumen sind den Schmetterlingen sogar noch ähnlicher als den Bienen und Hummeln. Sie sind gleich duftig, farbenprächtig und zart. Daß sie nicht dieselbe Form haben, tut nichts zur Sache, denn der Schmetterling ist eben ein Tier, ein Insekt, während die Blüte ein Glied der Pflanze ist. Trotzdem gehören sie zusammen, ja, man könnte sogar sagen, daß sie eines und dasselbe seien, denn beide sind Kinder des Lichtes und der Wärme. Die Blüte sehnt sich nach dem Schmetterling, und der Schmetterling sucht die Blüte. Wenn die Sonne scheint, öffnen sich die Blüten, und

*Verschiedene Blumenformen. Oben das Blumengesicht vom Gartenstiefmütterchen, daneben der gespaltene Blumenmund vom Jelängerjelieber mit dem langen Rohr für die ausgestreckten Rüssel der Nachtschmetterlinge. In der Mitte eine Glockenblume und das Gartenlöwenmäulchen mit seinem gutmütigen Rachen. Darunter die Blüte der gelben Wasserschwertlilie. Sie bildet einen Mund, welcher gleichzeitig nach drei verschiedenen Richtungen spricht. Ganz unten die trompetenförmige Blüte des Zierstrauches Weigelia und das sehr stark vergrößerte Blumenmäulchen vom Thymian, aus welchem Griffel und Staubgefäße gleich Zungen hervorspringen.*

die Schmetterlinge schweben durch die helle, warme Luft. Da fühlen sie sich wohl wie der Fisch im Wasser. Sobald es aber regnerisch und kühl wird, gehen die meisten Blumen zu, und die Schmetterlinge verkriechen sich. Auch die Bienen bleiben in ihrem Bienenstock.

Wir wissen ja, daß Schmetterlinge und Bienen, aber auch viele andere Insekten ohne die Blumen gar nicht leben könnten. Die Blumen bereiten ihnen ihre Speise, den süßen Nektar, zu, und die Bienen machen Honig daraus. Außerdem sammeln die Bienen auch noch den Blütenstaub und tragen ihn an ihren Hinterbeinen als Futter für die Brut nach Hause. Niemals nehmen diese Tiere Nahrung direkt von der Erde. Nur Wasser brauchen sie zum Trinken. Die meisten Blumen wiederum könnten keine Früchte und Samen bilden, wenn die Insekten nicht wären. Wenn nämlich das Insekt in die Blüte hineinkriecht, streift es mit seinem pelzigen Leib den Blütenstaub ab und überträgt ihn dann bei der nächsten Blüte auf die Narbe des Stempels. So bestäuben die Insekten die Blüten, ohne etwas davon zu merken. Wer könnte da noch zweifeln, daß Blumen und Insekten zusammengehören!

Viele höchst wunderbare Einrichtungen versteht man erst aus diesem Zusammenspiel von Blumen und Insekten. Für die langen Rüssel der Schmetterlinge z. B. sind die langen und engen Blütenröhren da. Andere Blüten, die von Insekten mit kürzeren Rüsseln besucht werden, haben auch kürzere Röhren. In die Blütenglöckchen, welche herunterhängen, müssen Insekten von unten hineinkriechen, um den Nektar von der Decke abzulecken usw.

Vergleichen wir aber nochmals einen Schmetterling und den Bau einer Blüte genauer! Daß die Flügel des feurigen Falters Blumenblättern vergleichbar sind, haben wir bereits gesehen. Es ist aber doch auch sehr merkwürdig, wie ähnlich der schmale Leib des Schmetterlings einem Pflanzenstengel oder Blütenstiele ist! Und die langen, zarten Fühler, sehen sie nicht wie am Kopfe des Schmetterlings angewachsene Staubgefäße aus? Wer wollte, der könnte sich aus den Teilen einer Blüte einen Schmetterling zusammenstellen.

Jetzt aber kommt das Interessanteste über die Zusammengehörigkeit von Blumen und Insekten! Haben wir doch bisher immer nur den *fertigen* Falter mit der *fertigen* Blüte verglichen. Wie aber steht es mit den Entwicklungsstufen beider? Die Pflanze fängt mit dem Samenkorn an. Daraus werden grüne Stengel und Blätter. Dann kommt die Knospe, die zunächst so aussieht, als ob alles zur Ruhe gekommen wäre, bis sich zuletzt überraschend die Blumenkrone entfaltet.

*Samenkorn — grüne Pflanze — Knospe — farbige Blüte,*
dieses sind die Entwicklungsstufen der Pflanze.

Und wie ist es beim Schmetterling? Er legt zunächst sein Ei. Dann schlüpft die junge Raupe daraus hervor. Sie nährt sich mit ungeheurer Gefräßigkeit von grünen Pflanzenteilen und wächst dabei selbst so schnell wie eine Pflanze. Mehrmals muß sie sich häuten, weil es ihr sonst zu eng wird. Ist sie dann erwachsen, so verpuppt sie sich und ruht längere Zeit. Niemand kann ahnen, wenn er solch eine Puppe vor sich liegen hat, was in ihr vor sich geht, und mancher hat sich eine aufgehoben, nur weil sie so merkwürdig aussah. Eines Tages aber wurde sie lebendig. Die tote, starre Hülle platzte auf, und — welche Überraschung — ein bunter Falter kam zum Vorschein! Seine zarten Flügel waren zunächst — genau wie die Blumenblätter des Mohnes — knitterig zusammengefaltet. Langsam haben sie sich ausgeweitet und geglättet. Dann konnte der Schmetterling fliegen.

*Ei — Raupe — Puppe — Falter,*
das sind die Entwicklungsstufen des Schmetterlings.

Jetzt ist es natürlich keine Kunst mehr, auf den Zusammenhang von Pflanze und Schmetterling zu kommen. Man braucht sich ja nur die Entwicklungsstufen beider nebeneinander hinzuschreiben:

| | |
|---|---|
| *Blüte* | *Falter* |
| *Knospe* | *Puppe* |
| *Sproß* | *Raupe* |
| *Samenkorn* | *Ei* |

Die Blüten sind an der Pflanze festgewachsene, gefesselte Schmetterlinge, die Schmetterlinge aber sind frei bewegliche, in der Luft herumflatternde Blüten. Auch die anderen Entwicklungszustände des Schmetterlings sind an die Erde gekettet worden. So wurden Pflanzen daraus. Aber an den Blüten kann man die Zusammengehörigkeit noch am deutlichsten sehen, denn dort berühren sich beide Naturreiche. Ist es ein Wunder, daß sie zusammenpassen? Wer dieses verstanden hat, der weiß das Geheimnis von Blumen und Insekten.

Schaue die Pflanze!
Sie ist der von der Erde
gefesselte Schmetterling.

Schaue den Schmetterling!
Er ist die vom Kosmos
befreite Pflanze.

RUDOLF STEINER

## *Vom Bau der Blüte*

Dem Bauplan der Blüte liegt eine strenge Gesetzmäßigkeit zugrunde, von welcher die Natur keine Ausnahmen duldet. So gibt es z. B. keine einzige Blüte, bei welcher der Stempel nicht in der Mitte stünde und die Staubgefäße nicht darum herum angeordnet wären. Das kommt daher, daß der Stempel die Fortsetzung des Blütenstieles in die Blüte hinein ist. An einer Tulpe kann man das sehr deutlich erkennen, besonders wenn die Blumenblätter bereits abgefallen sind. Manche Blüten haben auch mehrere Stempel. So hat die Christrose deren fünf, und bei der Sumpfdotterblume sind sie noch zahlreicher.

*Der Stempel einer Tulpe mit sitzender, dreiteiliger Narbe*

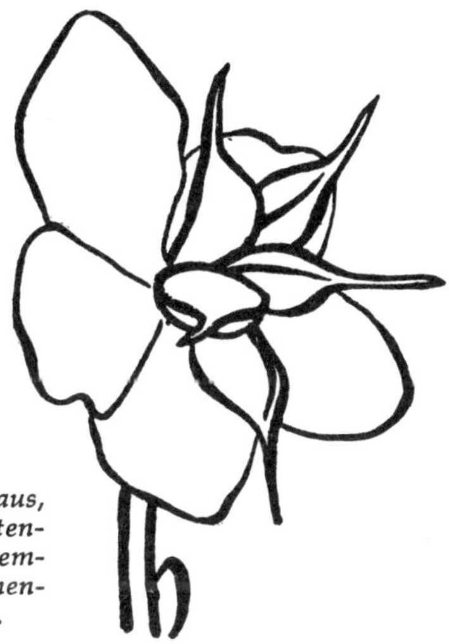

*So sieht eine Christblume aus, wenn die anfangs weiße Blütenhülle ergrünt ist. Die fünf Stempel sind zu großen Samenbehältern herangewachsen.*

Der wichtigste Teil des Stempels ist der Fruchtknoten, denn da tut die Sonne ihre Samen hinein. Schneidet man solch einen Fruchtknoten mit einem scharfen Messer quer durch, so kann man sie in wunderbarer Ordnung in den Kammern liegen sehen.

*Querschnitt durch den dreikantigen Fruchtknoten einer Tulpe*

*Man sieht die sechs Fächer mit den großen Samen*

Die Samen könnten aber nicht reifen, wenn die Blüte nicht bestäubt würde. Deshalb tastet der Stempel mit der Narbe nach dem Blütenstaub hin, den das Insekt von einer Blüte gleicher Art mitbringt oder den der Wind herbeiträgt. Je nachdem, wie die Blüte eingerichtet ist, muß die Narbe durch einen langen oder kurzen Griffel vorgestreckt werden. Die Tulpe und der Mohn haben sitzende Narben.

*Narbe*

*Griffel*

*Fruchtknoten*

*Zwei verschiedene Stempel, einer mit kopfiger und einer mit dreispaltiger Narbe*

Eine Narbe kann sehr verschiedene Formen annehmen. Sie kann einfach ein Köpfchen bilden, sie kann aber auch zwei- oder dreispaltig oder sternstrahlig sein. Bei den Windblütlern sehen die Narben wie kleine Federchen aus, denn so kommen sie am besten mit der Luft, die den Blütenstaub von anderen Blüten herbeiweht, zusammen.

Sieht man sich nun die Blüten*hüllen* genauer an, so wird man auf ein großes Wunder der Pflanzenbildung aufmerksam. *Jeder Blüte ist nämlich ein Stern eingeschrieben.* Am meisten kommen der Fünfstern und der Sechsstern unter unseren Blütenpflanzen vor. Nehmen wir z. B. die Tulpe, so finden wir, daß ihre Blütenhülle aus sechs Blättern besteht. Auch die Staubgefäße sind in der Sechszahl. Eigentlich muß man sogar sagen, daß es zweimal drei sind, denn sie bilden zwei Dreiecke. Der Fruchtknoten schließlich hat ebenfalls drei Fächer, wie man auf dem Querschnitt sieht. So sind alle Teile dieser Blüte nach der Gesetzmäßigkeit des Sechssternes angeordnet.

Von den unzähligen Blüten, welche den Fünfstern in sich tragen, sei hier nur die wilde Rose näher betrachtet. Am deutlichsten zeigen einem auch hier die fünf Blumenblätter das Gesetz, welches die ganze Blüte beherrscht, aber ebenso offenbaren es die fünf Kelchzipfel. Die Rose hat so viele Staubgefäße, daß man nicht so leicht herausbekommt, daß auch diese in einem Vielfachen der Fünfzahl vorhanden sind. Sie stehen dicht gedrängt beieinander.

Nun brauchen wir nur hinauszugehen und einmal nachzusehen, welche Sternenwelt da in den Blüten versammelt ist. Alle möglichen Abwandlungen werden uns da vor Augen treten. Mögen auch die Blütenteile zuweilen zu kleinen oder größeren Glöckchen, Kelchen, Kronen, Rädchen oder Tellerchen verwachsen sein, so daß man sie nicht mehr einzeln herauszupfen kann, so erkennen wir doch an den Zipfeln, wie viele Blätter es eigentlich waren, und der Stern verrät sich dennoch. Ab und zu, wenn auch viel seltener, kommen Drei- oder Viersterne vor.

Hier einige Beispiele von Pflanzen, die jeder kennt, je nachdem, ob sie den Fünfstern oder den Sechsstern haben:

| *Fünfstern* | *Sechsstern* |
|---|---|
| Rose | Tulpe |
| Erdbeere | Lilie |
| Apfelbaum | Narzisse |
| Hahnenfuß | Schneeglöckchen |
| Nelke | Maiglöckchen |
| Vergißmeinnicht | Schwertlilie |
| Kartoffel | Krokus |

Bei manchen Blüten ist es nicht mehr so einfach, den Stern herauszufinden, weil komplizierte Verwachsungen und Verdrehungen vor sich gegangen sind und weil auch nicht mehr alle Teile, welche zu einem regelmäßigen Stern dazugehören, wirklich ausgebildet werden. Dafür nehmen die anderen Blütenteile unregelmäßige, oft recht merkwürdige Gestalten an. Schon bei der Taubnessel und ihren Verwandten, den Lippenblütlern, finden wir solch umgewandelte Blüten. Noch viel komplizierter aber sind die seltsamen Blüten der Knabenkräuter und Orchideen. Diese Pflanzen nehmen bisweilen ja sogar tierähnliche Formen an (Käfer, Fliegen, Bienen, Spinnen, Heuschrecken usw.), oder sie sehen fast wie tierische Organe aus. Trotz alledem liegt auch solchen Blüten ein Stern zugrunde.

Die Naturforscher zeichnen sich die Blüten so auf, wie sie aussehen, wenn man genau von oben daraufblickt. Dann sieht man in der Mitte den Stempel wie im Querschnitt. Auch die Fächer des Fruchtknotens mit den Samenanlagen werden mit eingezeichnet. Um den Stempel herum sieht man, wie die Staubgefäße angeordnet sind und wie viele in der Blüte vorkommen. Aber auch die Kelchblätter und die Blütenblätter werden in solch einen Blütengrundriß eingetragen. Sie werden nur als schmale Streifen angedeutet. Da zeigt sich denn ganz deutlich, daß die Teile der Blütenhülle in Kreisen stehen, aber so, daß ein Blumenkronblatt immer zwischen ein Kelchblatt kommt.

Für einen Botaniker ist es von großer Wichtigkeit, zu wissen, wieviel Kelch- und Kronblätter und wieviel Staubgefäße eine Blüte hat. Auch wie der Stempel gebaut ist, muß ein Botaniker wissen, weil die Pflanzen danach eingeteilt werden und weil man so ihre Verwandtschaft feststellen kann. Aber selbstverständlich wird sich ein denkender Naturbeobachter nicht damit begnügen, den Stern im Blütengrundriß einfach festzustellen. Er wird sich die Frage vorlegen, woher es denn komme, daß diese Gesetzmäßigkeit in den Pflanzen walte. Sie kann doch unmöglich von der Erde herkommen, denn die Wurzeln zeigen uns ja, daß die Erde keine solch wunderbare Ordnung in sich hat. Blicken wir aber zum Sternhimmel auf, so finden wir dort die Vorbilder, welche die Pflanzen mit ihren Blüten nachahmen. So haben wir denn da oben am Himmel einen leuchtenden und unten auf der Erde einen blühenden Sternengarten.

# *Wie die Blüten eingeteilt werden*

*Blüten mit einfacher Blütenhülle*

1. Blüten ganz kelchartig (ohne Krone)

   Brennessel, Bingelkraut, Johannisbeere, Ulme

2. Blüten ganz kronenartig (ohne Kelch)

   Lilie, Tulpe, Anemone, Knabenkraut

*Blüten mit doppelter Blütenhülle* (Kelch *und* Krone)

1. Getrenntkronblättrige
   Die Kronblätter lassen sich einzeln herauszupfen und fallen auch einzeln ab.

   Rose, Nelke, Mohn, Hahnenfuß

2. Verwachsenkronblättrige
   Die Kronblätter sind mindestens unten zusammengewachsen und bilden Kelche, Trichter, Glocken, Röhren, Teller oder unregelmäßige Formen, welche als Ganzes abfallen.

   Winde, Glockenblume, Primel, Vergißmeinnicht, Taubnessel, Löwenmaul

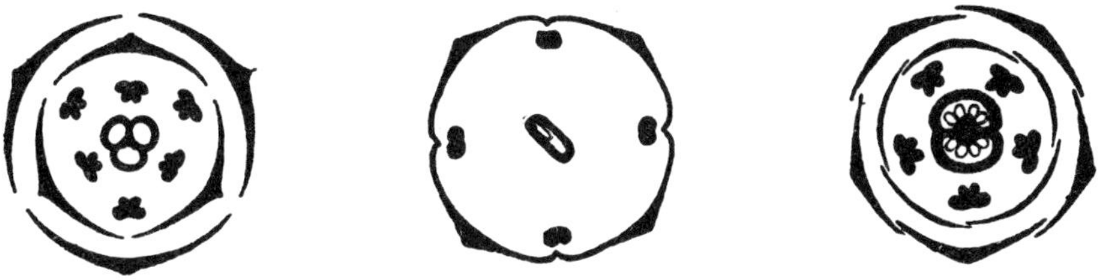

*So sehen Blütengrundrisse aus. Links die Tulpe, rechts die Kartoffel, in der Mitte eine Mimose*

## Vom Blütenboden, von der Schlehe und der Apfelfrucht

Es ist ein uns nun schon vertrauter Gedanke, daß die Blüte wie eine zweite, vollkommenere und schönere Pflanze ist, welche auf der ersten daraufsitzt. Alles, was die erste Pflanze hat, das findet sich in der Blüte wieder. Sie bildet Blätter und Stengelteile aus, die hier allerdings gleich in Stempel umgewandelt werden. Das Merkwürdige ist nun, daß die Sonne, wenn sie Blüten hervorruft, auch ein ganz kleines Stück Erdboden mit entstehen läßt, gerade, wie wenn sie ein Stückchen von der großen Erde abtrennen und für sich haben wollte. Dieses kleine Erdenstück ist der Blütenboden, auf welchem Blütenhüllblätter, Staubgefäße und Stempel daraufsitzen.

Nun muß man allerdings sagen, daß dieser Blütenboden meistens wirklich sehr klein, fast wie ein Punkt ist. Nur zuweilen, wenn er sich zu einem winzigen Schüsselchen weitet, kann man ihn etwas deutlicher erkennen. Am leichtesten aber versteht man dieses kleine Erdenstück, wenn man an das Gänseblümchen, die Kamille oder gar an die Sonnenblume denkt, wo viele kleine Blüten zusammen eine große Blüte, ein Körbchen oder Köpfchen bilden. Da muß sich der Blütenboden natürlich ganz besonders stark verbreitern und verdicken, und man kann sich dann überzeugen, daß er wie ein kleiner Sonnenhügel ist, wo Blume an Blume sich drängt.

Kehren wir aber zu den einfachen Blüten zurück und studieren wir, welch überraschende Verwandlung mit ihnen vorgehen kann! Es kann nämlich passieren, daß der Fruchtknoten plötzlich in den Blütenboden hineinsinkt, so daß nur noch die Griffel mit den Narben oben herausschauen. Dann hat die Blüte einen *unterständigen* Fruchtknoten bekommen.

*Längsschnitt durch eine Schlehenblüte (oberständiger Fruchtknoten)*

*Längsschnitt durch eine Apfelblüte Der Fruchtknoten ist in den Blütenboden hineingesunken. Nur die fünf Narben schauen oben heraus*

Besonders lehrreich sind die *Früchte* der Blüten mit unterständigen Fruchtknoten. Betrachten wir aber zunächst nochmals die Fruchtbildung einer gewöhnlichen Blüte, der Schlehe. Wenn sie ausgefallen ist, sieht man den winzigen Fruchtknoten wie in einem ganz kleinen Schüsselchen darinnenstehen. Sogleich beginnt er zu wachsen, zu schwellen und sich zur Frucht zu runden. Zuletzt bekommt die Frucht ihre blaue Farbe. Der Blütenstiel ist dann Fruchtstiel geworden. Bei den Pflaumen und Kirschen ist es ebenso; man braucht es sich, wenn sie blühen, nur einmal genauer anzusehen.

*So sieht eine Apfelblüte von hinten aus*

Gerade entgegengesetzt ist es beim Apfelbaum und seinen nahen Verwandten, wie der Birne und der Quitte. Dreht man eine Apfelblüte um und betrachtet sie von der Rückseite her, so erkennt man sofort, daß alles anders ist als bei den Pflaumen und Kirschen. Der Blütenstiel ist verdickt, weil der Fruchtknoten da hineingesunken ist. Er steht nun *unter* der Blütenhülle. Darum nennt man ihn denn auch unterständig. Nur die fünf Narben ragen noch oben zwischen den Staubgefäßen heraus. Bei der reifen Frucht bildet der Fruchtknoten nur das pergamentene Kerngehäuse, in welchem die Samen, die Kerne nämlich, enthalten sind. Schneidet man einen Apfel quer durch, so sieht man sofort, daß das Kerngehäuse wie die Blüte einen Fünfstern bildet.

Vergleichen wir also eine Apfelfrucht mit einer Kirsche, so müssen wir feststellen, daß die ganze Kirsche nur dem pergamentenen Kerngehäuse des Apfels entspricht. Daß das Kerngehäuse des Apfels und die Steine der Kirschen, Pflaumen und Zwetschgen verwandt sein müssen, kann man natürlich am leichtesten verstehen. Was wir die „Blüte" des Apfels nennen, ist nichts anderes als der vertrocknete Rest der Blütenhülle. Manchmal entdeckt man sogar noch Überbleibsel von Staubgefäßen daran.

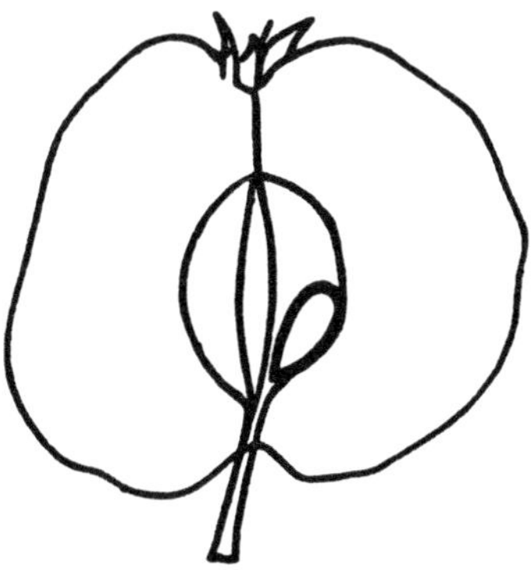

*Längszerschnittener Apfel. Die Blüte ist über der Frucht, denn die Frucht ist der fleischig gewordene Blütenstiel, das Kerngehäuse der darin eingeschlossene Fruchtknoten, und die Kerne sind die Samen*

Der sinnige Naturbeobachter wird also seine eigenen Gedanken haben, wenn er Früchte verspeist. Wenn er eine Schlehe, Kirsche, Pflaume oder Zwetschge in Händen hält, so wird er sich sagen: Jetzt esse ich eine echte Frucht aus einem oberständigen Fruchtknoten! Und wenn er in einen Apfel hineinbeißt, wird er sich erinnern, daß es der angeschwollene und in Fruchtfleisch verwandelte Blütenboden ist, der ihm so vortrefflich mundet.

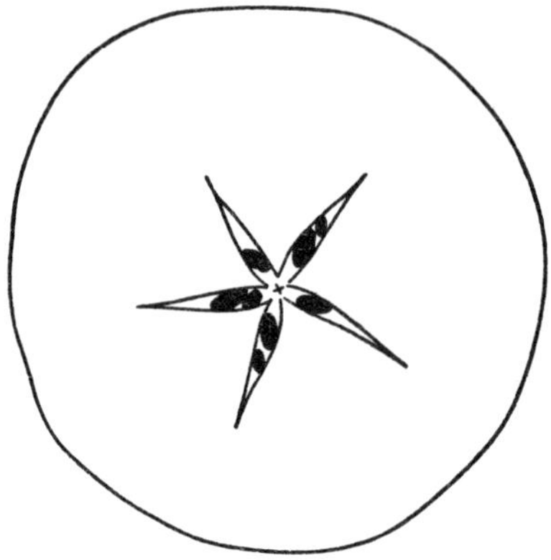

*Quergeschnittener Apfel. Man sieht, daß das Kerngehäuse wie die Blüte einen Fünfstern bildet*

So verschieden können die Pflanzen ihre Früchte bilden. Manche, wie z. B. Apfel, Birne, Quitte, Pflaumen und Kirschen, sehen aus, als ob riesengroße Tropfen an den Bäumen hingen. Da schickt die Pflanze ihre Süßigkeit hinein, und die Sonne durchdringt sie mit Wohlgeschmack, dem Fruchtaroma. Aber Früchte sind nicht nur wohlschmeckend, sie sind auch farbig, rot, blau oder gelb, ja, sie haben sogar etwas, was sie den Blüten ähnlich macht, den köstlichen Duft nämlich. So erreichen denn diese Bäume zweimal im Jahre eine höchste Stufe, einmal, wenn sie ihre Blumen ausbilden, und dann wieder, wenn sie fruchten.

# *Wie die Früchte eingeteilt werden*

## Früchte von Blüten mit oberständigem Fruchtknoten

*Trockenfrüchte:* Sie platzen entweder auf oder öffnen sich durch Löcher.

Mohn, Tulpe, Nelke, Veilchen, Wicke, Erbse, Bohne, Kohlarten, Raps, Hirtentäschelkraut

*Nüsse:* Frucht steinhart. Der Kern ist der Same.

Haselnuß

*Steinfrüchte:* Der Stein ist die innerste Fruchtschicht. Wenn man ihn zertrümmert, kommt der Same zum Vorschein.

Schlehe, Kirsche, Pflaume, Zwetschge, Aprikose, Pfirsich, Mandel

*Beeren:* Saftiges Fruchtfleisch. Die Kerne sind die Samen.

Heidelbeere, Preißelbeere, Tomate.
Auch Zitrone und Orange können dazu gerechnet werden.
(Erdbeere, Himbeere und Brombeere sind keine echten Beeren)

*

## Früchte von Blüten mit unterständigem Fruchtknoten

*Kernfrüchte* (Apfelfrüchte): Die Kerne sind die Samen.

Apfel, Birne, Quitte, Mispel, Eberesche, Mehlbeere, Weißdorn

*Beeren:*

Johannisbeere, Stachelbeere

*Nüsse:*

Walnuß. Sie ist keine echte Nuß, weil nur ihre innerste Fruchtschicht steinhart ist. Eigentlich ist sie eine Steinfrucht

Ferner:

Früchte wie Gurke, Melone und Kürbis

# *Wie Pflanzen keimen*

Man kann es dem Samen ganz gewiß nicht ansehen, was durch die Kraft der Erde und der Sonne später daraus hervorwachsen wird. Wie sollte man auch, da ja die Samenkörner so klein sind im Vergleich zur späteren Pflanze! Unfarbig und vertrocknet liegen sie in der Hand. Manche sind so winzig, daß man sie nicht wiederfindet, wenn man sie unachtsam zwischen den Erdkrumen verstreut hat. Betrachten wir das allbekannte Radieschen!

Das erste, was sich nach der Aussaat ereignet, ist, daß die Samen die Bodenfeuchtigkeit in sich aufsaugen und quellen. Wenn man Glück hat und es bald nach dem Säen regnet, dann gehen die Samen schneller auf. Bei Trockenheit dauert es länger. Nach einigen Tagen sieht man kleine Blättchen sich entfalten. Das sind die Keimblättchen. Meistens sind es deren zwei, die sich genau gegenüberstehen. Zieht man das Stengelchen, an welchem diese Blättchen angeheftet sind, vorsichtig und behutsam aus der Erde heraus, so bemerkt man, daß ein Würzelchen in entgegengesetzter Richtung nach unten strebt. Dieses Keimwürzelchen ist sogar zuerst entstanden.

Legt man Samenkörner auf feuchtes Fließpapier, so kann man den Keimungsvorgang ganz besonders gut beobachten. Dann sieht man nämlich, daß zunächst ein weißes Spitzchen aus der aufgeweichten Samenschale hervortritt. Nach und nach wird es größer und streckt sich zum ersten Würzelchen. Mit seinem unteren Ende wendet es sich der Erde zu und bildet einen zarten Pelz feinster Saugwürzelchen aus. Damit nimmt der Keimling das Wasser in sich auf und die im Wasser aufgelösten Bodenstoffe.

Läßt man dann die Samenkörner noch länger in der Feuchtigkeit liegen, so kann man auch das Hervorbrechen der Keimblättchen noch beobachten. Es ist nämlich das Besondere dieser Keimblättchen, daß sie — genau wie das Keimwürzelchen — bereits im Samen darinnenstecken, zwar noch klein und zusammengezogen, aber doch schon fix und fertig. Sie brauchen sich nur auszustrecken. Zuerst sind sie bleich und farblos, weil sie ja nicht vom Sonnenlichte getroffen werden können. Man nennt sie deshalb auch die Samenlappen, denn richtige Blätter sind es ja noch nicht. Sobald sie aber über die Erde kommen, ergrünen sie rasch. So wendet sich der Keimling fast gleichzeitig seinen beiden Wohltätern zu, zuerst der Erde und dann der Sonne.

Manche Pflanzen, wie z. B. die Eiche und die Erbse, machen es etwas anders. Sie lassen ihre Samenlappen unter der Erde im Samen liegen, und was oben am Lichte erscheint, das sind bereits die ersten richtigen Blätter mit den dazugehörigen Stengelteilen. Auch die Kastanie macht es so. Ihre Samen sind die allergrößten, die es bei uns gibt. Wenn man von einer Eichelfrucht oder von einer Erbse oder Bohne die harte Schale entfernt, so zerfällt das Ganze in zwei Hälften. Das sind die beiden Samenlappen, welche hier besonders dick und fleischig ausgebildet werden. An einem Ende hängen die Spalthälften zusammen, und dort findet sich auch die erste Anlage des Keimwürzelchens. Bei größeren Samen kann man deutlich sehen, wie sich das Keimwürzelchen durch die Samenschale hindurch abdrückt.

Das ist aber noch längst nicht alles, was man am Samen und am Keimling lernen kann. Wie den Samenkörnern, so kann man nämlich auch den Keimlingen noch nicht ansehen, welche Pflanze später einmal daraus werden wird. Man braucht nur einige Vergleiche anzustellen, um darauf zu

*Keimpflänzchen vom Erdrauch*

*Keimpflänzchen der Nelkenwurz*

kommen. Schon das erste aus dem Herzen des Keimlings hervorsprießende Laubblatt ist ganz anders gebildet als Keimblätter. Keimblättchen sind doch meistens sehr einfach. Sie sehen eiförmig oder länglich-zungenförmig aus. Manchmal haben sie auch die Gestalt eines kleinen Herzens, niemals aber gleichen sie den späteren Blättern der Pflanze, welche doch oft aus vielen Teilen zusammengesetzt, gefiedert oder gebuchtet sind oder doch wenigstens feine Spitzen, Zähnchen oder Kerben an ihren Rändern haben. Auch Rippen und Adern sind deutlich ausgeprägt.

Was kann man daraus lernen? Daß alle Pflanzen zunächst einmal eine ganz andere und sehr einfache Pflanze vor sich herschicken müssen, wenn sie auf die Erde kommen wollen. Diese andere Pflanze ist eben der Keimling. Die Sonne hat ihn im verborgenen oben in den Früchten oder Samenkapseln gebildet. Dann wird er, im Samen zusammengezogen, zur Erde geschickt. Durch das Keimwürzelchen faßt er Fuß, um alsbald seine Samenlappen am Lichte auszubreiten, gleich einem Engelwesen. Erst wenn dies alles geschehen ist, kann die Sonne anfangen, richtige Pflanzen aus den Keimlingen zu machen, Schritt für Schritt, bis die Pflanzen fertig sind und blühen und fruchten können. In den Früchten bilden sich dann neue Samen, die wieder zur Erde fallen.

### *Säerspruch*

Bemeßt den Schritt! Bemeßt den Schwung!
Die Erde bleibt noch lange jung!
Dort fällt ein Korn, das stirbt und ruht.
Die Ruh ist süß. Es hat es gut.
Hier eins, das durch die Scholle bricht.
Es hat es gut. Süß ist das Licht.
Und keines fällt aus dieser Welt,
Und jedes fällt, wie's Gott gefällt.

CONRAD FERDINAND MEYER

# *Wie die Bäume entstehen*

Es ist etwas Wunderbares um die Bäume, diese Könige unter den Pflanzen! Wie anders könnte man sonst auch von einer Krone bei ihnen sprechen! Man muß sich nur die richtigen Gedanken bilden, wenn man einem Baume gegenübersteht. Es kommt nicht nur darauf an, den Stamm zu bewundern und die Höhe des Gipfels anzustaunen; auch wie er sich trägt, wie die Äste sich gabeln und verzweigen, wenn sie die Krone bilden, muß man aufmerksam studieren. Dann wird man bald herausbekommen, wie sehr eine jede Baumart ihr ganz besonderes Wesen hat. Ja, man muß die Bäume lieben, jeden auf seine Art! Eher kann man sie gar nicht verstehen.

Wenn man sie mit den Pflanzen vergleicht, die unten auf der Erde wachsen, so muß man sagen, daß eigentlich jeder Baum ein ganzer Garten für sich ist, nur mit dem Unterschied, daß es lauter gleiche Pflanzen sind, die sich da versammelt haben. Sieht man die kahlen Astgerippe im Winter gegen den Himmel ragen, so kann man es kaum glauben, daß sie einmal wieder ergrünen, blühen und sogar Früchte tragen werden. Und doch erleben wir es in jedem Jahre neu. Aber mit der Erde unten ist es ja ebenso. Auch sie scheint erstorben zu sein, wenn der Schnee schmilzt. Also machen es die Bäume nicht anders als die Erde. Sie lassen die Pflanzen, die oben auf ihren Ästen wachsen, im Herbste ruhig absterben und ziehen das Leben in die Knospen zusammen. Und wenn es Frühling wird und die Knospen ausschlagen, so ereignet sich dasselbe, wie wenn da unten Pflanzen aus dem Samen sprießen. Wenn die Lärchen ergrünen, sieht es sogar aus, als ob Gras auf den Bäumen wachsen würde.

Aber es ist in anderer Hinsicht doch ein großer Unterschied zwischen den Trieben der Bäume und den Erdenpflanzen. Die Erdenpflanzen wurzeln ja im mineralischen Untergrund und nehmen die Erdenstoffe auf, während die Sprosse der Äste und Zweige einen Standort haben, welcher schon pflanzlich ist. Würde man sie auf die flache Erde setzen können, so müßten sie sich sehr verändern, und ein jeder von ihnen müßte eine Wurzel für sich bekommen. So aber genügt es, wenn alle zusammen eine gemeinsame Wurzel haben.

Man kann es den Baumpflanzen auch ansehen, daß es die Sonne leichter mit ihnen hat. Sie brauchen nicht erst Keimblätter zu bilden wie die Erdenpflanzen, sondern können gleich mit richtigen Blättern anfangen, und manchmal sind sogar schon vor den Blättern die Blüten da. Das alles kommt eben daher, daß die Baumpflanzen nicht im mineralischen Boden zu wurzeln brauchen. Wie könnte es sonst auch so schnell gehen, wenn ein Baum ausschlägt! Die Erdenpflanzen müssen erst erstarken und zunächst kleinere Blätter bilden, bis die großen nachfolgen können. Bei den Bäumen erscheinen gleich die großen und voll ausgebildeten. So viel leichter hat es da die Sonne!

Sie kann in die Baumkronen aber auch viel besser eindringen mit ihrer Kraft. Die Luft ist anders da oben und ebenso die Feuchtigkeit und die Wärme. Das empfinden selbstverständlich auch die Vögel, die sich dort in dieser Baumwelt so wohl fühlen. Man hört sie fröhlich zwitschern und jubilieren. Sie betrachten den Baum als ihre Wohnung, wo sie ihre Nester bauen und ihre Jungen ausbrüten können. Der Specht hämmert seine Höhlen sogar in die Stämme hinein wie andere Höhlenbrüter in die Erde. Und kann man es den Vögeln nicht ordentlich nachfühlen, wie geborgen sie sich in diesen luftigen Räumen, allseitig vom Blätterdach umschlossen, vorkommen müssen, wenn man selbst da hinaufklettert? Viele Vögel finden ja auch gleich ihre Nahrung auf den Bäumen. Sie picken die Insekten auf, die überall in Ritzen und Spalten stecken oder auf den Blättern sitzen, und erst recht herrlich finden es die Vögel, wenn es an den Zweigen voll von Samen und Früchten hängt. Wer könnte sich einen Baum ohne das bunte Treiben der Vögel überhaupt vorstellen! Und die Eichhörnchen gehören mit dazu.

Schon wenn man einen gewöhnlichen Erdhügel errichtet, wird es darin lebendiger als auf dem flachen Boden. Da nisten sich alle möglichen Insekten, Insektenlarven und Würmer ein, weil Luft und Licht besser eindringen können. Auch die Pflanzen gedeihen auf einem Erdhügel üppiger.

Wieviel lebendiger aber muß die Erde erst werden, wenn sie mit ihrer Kraft noch weiter in die Höhe steigt und Baumstämme auftürmt! Solche Auswüchse der Erde sind nämlich die Baumstämme! Bei den gewöhnlichen Pflanzen gibt die Erde nur die Wurzeln dazu, welche, wenn sie älter werden, ja ebenfalls sehr hartes Holz bekommen; wo aber ein Baumstamm ist, da stülpt sich die Erdenkraft in die Höhe und richtet säulenförmige Hügel auf. Innen ist das Holz, und nach außen wird die Rinde abgestoßen. Wir sehen also, daß die Baumstämme halb zur Erde und halb zur Pflanze gehören. Die Pflanze allein könnte sie nicht zustande bringen. Wer das verstanden hat, der braucht sich gar nicht mehr zu wundern, daß so viele einzelne Pflanzen zusammen wie eine kleine, aus der übrigen Pflanzenwelt herausgesonderte Welt für sich bilden. Das ist eben ein Baum. Es blüht darinnen ja auch wie in einem Garten, und es fruchtet ebenso.

Wie nahe verwandt ein Baumstamm der Erde ist, das kann man besonders deutlich erkennen, wenn ein Stamm recht alt wird und schließlich anfängt, von innen heraus zu vermodern. Dann zerbröckelt das Holz und zerfällt in eine braune Masse, die genau wie Gartenerde aussieht und auch so duftet. Man kann in solch einen ausgehöhlten Baumstamm hineingreifen und sich eine Handvoll Baumerde — so nennt man diese Masse — herausnehmen. Erst recht aber wird es einem klar, daß Baumstämme in der Tat Ausstülpungen der Erde sind, wenn man an die vielen Insekten und Insektenlarven denkt, welche da drinnen im Holz und in der Rinde leben und ihre Entwicklung durchmachen wie in der Erde. Sie bohren sich Gänge, wie man es auch manchmal an alten Wurzelstöcken sehen kann, und legen ihre Eier hinein. Die Larven, die ausschlüpfen, denken dann, sie seien in der Erde und fressen tüchtig weiter. Viele Käfer z. B. machen es so. Kleinere Käfer fressen sich zuweilen zwischen der Rinde und dem Holz durch. Am Muster der Gänge, welche sie hinterlassen, kann man noch die Art des Käfers feststellen. Das sind die Borkenkäfer und die Buchdrucker, deren schöne Fraßbilder man oft an Rinden und Aststücken im Walde findet.

Man muß eben stets die Tiere und die Pflanzen zusammen betrachten, wenn man herausbekommen will, wie die Natur es macht. So ist es ja auch bei den Blüten. Niemals kann Leben entstehen, wenn nicht die Erde und die Sonne zusammenwirken. Keine von beiden könnte es für sich allein. So gibt die Sonne den Bäumen ihre Blätter, Blüten, Samen und Früchte, die Erde aber mit ihrer Kraft gibt den Stamm und die dicken Äste dazu. Und wenn dann auch noch Moose, Flechten und Schwämme statt auf Steinen oder am Waldboden, an Baumrinden vorkommen, so sieht man ganz deutlich, daß der Unterschied zwischen einem Baumstamm und der Erde gar nicht so groß ist.

*Der Hügel*

Wie wundersam ist doch ein Hügel,
der sich ans Herz der Sonne legt,
indes des Winds gehalt'ner Flügel
des Gipfels Gräser leicht bewegt.
Mit buntem Faltertanz durchwebt sich,
von wilden Bienen summt die Luft,
und aus der warmen Erde hebt sich
ein süßer, hingegeb'ner Duft.

CHRISTIAN MORGENSTERN

## *Von den vollkommenen und den unvollkommenen Pflanzen und von kleinen Kindern*

Es gibt in der Natur kein Wesen, welches nicht in seiner Art vollkommen wäre. Trotzdem kann man bei Tieren und auch bei Pflanzen von vollkommeneren und weniger vollkommenen sprechen, nur muß man berücksichtigen, wie dies gemeint ist. Als die vollkommensten Gewächse werden nämlich diejenigen betrachtet, welche alle Teile der Pflanze, die es überhaupt gibt, nämlich Wurzel, Stengel, Blätter, Blüten, Samen und Früchte, ausgebildet haben. Jeder weiß doch, daß manche Pflanzen keine Blüten haben, wie z. B. die Farnkräuter. Ihre höchste Stufe sind dann die Blätter. Oder man nehme den Schachtelhalm. Diese merkwürdige Pflanze hat nicht einmal Blätter. Sie bildet dafür zwar ihre Stengel um so sorgfältiger aus, aber Blüten im eigentlichen Sinne des Wortes hat auch der Schachtelhalm nicht. Also steht auch er tiefer in seiner Entwicklung als die Blütenpflanzen. Erst recht sonderbar aber sind die Pilze, denn sie haben weder Stengel noch Blätter. Man rechnet sie darum zu den allereinfachsten Gewächsen, die es gibt. Die Moose und die Flechten stehen wieder etwas höher. Schon daß sie grün aussehen, kann einem sagen, daß sie den Blätterpflanzen verwandt sind, und sie haben ja auch meistens ganz kleine Blättchen und Stengelchen. Sieht man sich diese Moosblättchen aber genauer an, so fällt einem auf, wie sehr einfach sie gebildet sind. Nicht einmal Rippen und Adern sind daran zu erkennen, und statt richtiger Wurzeln haben die Moose nur Saugfäden, wenn sie ihre Stengelchen unten nicht einfach in Erde übergehen lassen.

Die Botaniker nennen derartig einfach gebildete Gewächse die *niederen* Pflanzen, weil sie in der Entwicklungsreihe ganz unten stehen und weil sie auch meistens ganz unten am Boden wachsen. Farnkräuter und Schachtelhalme werden zwar auch noch zu den niederen Gewächsen gerechnet, aber sie sind doch immerhin schon viel vollkommener gebildet. Eine höhere Pflanze aber muß eine Blüte haben, wenn es auch nur eine ganz einfache zu sein braucht, wie z. B. bei den Nadelbäumen die Zapfen. Wenigstens Samen müssen gebildet werden. Die höchsten Pflanzen sind selbstverständlich die echten Blütenpflanzen. Die Sonne gibt ihnen nicht nur Blätter, sondern wandelt sie auch noch in Blüten um, und mit den Blüten treten auch die Farben zum ersten Male im Pflanzenreiche auf, während die niederen Gewächse alle grün aussehen. Nur die Pilze sind buntfarbig. Aber das hat seinen besonderen Grund, der erst später erklärt werden kann.

Die Blütenpflanzen sind so vollkommen, daß es gar keine vollkommenere Pflanzen geben könnte, und wollten die Blütenpflanzen noch eine Stufe höher steigen, so müßten sie zu Tieren werden. Das möchten manche zwar sehr gerne, aber weil sie Pflanzen sind, geht das eben nicht, und so machen sie denn die Tiere wenigstens äußerlich nach, wie wir es bei der Taubnessel gesehen haben.

Wenn man das Pflanzenreich von seiner niedersten Stufe bis zu seiner höchsten verfolgt und auch alle Zwischenstufen mit berücksichtigt, so hat man eine lange Reihe vor sich. Sie zeigt einem, wie die Pflanzen durch die Sonne immer besser und besser lernen, ihre Teile hervorzubringen. Das ist so ähnlich wie beim Menschen. Ein ganz kleines Kind, das eben erst auf die Welt gekommen ist, muß ja auch erst allmählich lernen, was ein Mensch können muß. Zunächst kann es fast gar nichts, so ein kleines Baby, nur trinken kann es, und mit seinen Armen und Beinen strampelt es in der Luft herum. Aber Sinn und Ordnung ist noch nicht in diesen Bewegungen, und es kann auch noch nichts Vernünftiges mit seinen Gliedern ausrichten. Höchstens lauter Unordnung kann es stiften.

Das ändert sich aber, wenn im Inneren das Seelenlicht zu leuchten anfängt. Bald kann das Kind etwas anfassen und festhalten, zuerst die Flasche, dann lernt es zu sitzen, später kriecht es in der Stube herum, bis es endlich auf seinen Beinchen zu stehen und zuletzt zu gehen gelernt hat. Die großen Leute sagen dann, das Kind werde von Tag zu Tag vernünftiger, und sie meinen eben damit, daß es immer mehr und mehr lernt. Später spielt es richtig, weiß, wozu es seine Hände und Füße hat und versteht sie zu gebrauchen. Auch in den Augen beginnt der Abglanz des erweckten Seelenlichtes zu leuchten. Denn das Seelenlicht allein ist es ja, welches das Kind leitet bei seinen Taten und Untaten. Wenn dann noch die Sprache hinzukommt, beginnt die Möglichkeit, etwas aufzufassen und sich zu merken. Ist endlich das sechste Lebensjahr herangekommen, so kann das Kind zur Schule gehen, wo es Schreiben, Lesen und Rechnen und viele andere Dinge lernt. Aber wie vieles mußte da vorher durchschritten werden.

Wenn die Sonne auf die Erde scheint, so ist das zwar nicht genau dasselbe wie unser Seelenlicht, aber Licht ist es trotzdem, und auch diesem Licht wohnt göttliche Weisheit inne. Genau wie beim Kinde das innere Licht, so kann auch das äußere Licht erst nach und nach die Pflanzen lehren, Vollkommeneres und immer Vollkommeneres hervorzubringen. Zuerst liegen die Pflanzen, die niederen Pflanzen nämlich, noch auf der Erde, oder sie schwimmen einfach im Wasser. Dann richten sie sich auf, bekommen Stengel und Blätter, lernen diese Blätter zu gliedern und kunstvoll anzuordnen, die Stengel verzweigen sich wunderbar, und richtige Wurzeln werden gebildet. Und wenn die Blüten erscheinen, so ist es für die Pflanzen genau dasselbe, wie wenn ein Kind in der Schule etwas lernen kann. Die Pflanzen durchdringen sich dann mit der Insektenwelt, die Menschenkinder aber nehmen die Weisheit in sich auf. Das ist der Unterschied.

In den folgenden Abschnitten soll nun beschrieben werden, wie die Pflanzen sich verhalten, wenn sie durch die Sonne von einer Stufe auf die andere gehoben werden, und wie die Erde dabei mithilft. Immer Vollkommeneres lernen die Pflanzen auszubilden, bis sie zuletzt das Vollkommenste und Schönste, die Blüte, erreicht haben.

## *Die Stufenleiter des Pflanzenreiches*

*Blütenpflanzen*

Pflanzen mit doppelter Blütenhülle
Pflanzen mit einfacher Blütenhülle
Pflanzen ohne Blütenhülle (Nadelbäume)

*Blütenlose Pflanzen*

Farnkräuter
Schachtelhalme
Moose
Algenpflanzen
Flechten
Pilze

## *Wie die Erde durch ihre Pilze blüht und fruchtet*

Die Pilzkenner und Pilzsammler unterscheiden zunächst einmal die Hutpilze von allen anderen Pilzarten. Zu ihnen gehören die meisten Speisepilze, wie der Steinpilz, der Birkenpilz, der Pfifferling, der Maronenpilz, der Butterpilz und wie sie alle heißen. Es gibt drei Gruppen von Hutpilzen: die Blätterpilze, die Porenpilze und die Stachelpilze. Man unterscheidet sie nach dem Futter des Hutes. Besteht es wie beim Fliegenpilz aus lauter Blättern, so hat man es eben mit einem Blätterpilz zu tun. Dreht man dagegen den Hut eines Steinpilzes oder Birkenpilzes um, so findet man keine Blätter, sondern eine schwammige Masse, in welcher unzählige feine Poren zu erkennen sind — wie Nadelstiche. So ist es bei allen Porenpilzen, und daher haben sie ihren Namen. Von den Stachelpilzen sind der Habichtsschwamm und der Semmelpilz die häufigsten. Sie heißen nach den Stacheln, mit denen das Futter des Hutes besetzt ist.

Welche Bedeutung dem Futter im Leben eines Pilzes zukommt, das kann man durch den folgenden einfachen Versuch feststellen: Man legt den abgetrennten Hut eines Blätterpilzes auf ein Stück Papier, natürlich mit dem Futter nach unten. So läßt man den Pilzhut wenigstens einen Tag lang ruhig liegen. Nimmt man ihn dann weg, so wird man zu seinem Erstaunen feststellen können, daß sich das Muster des Futters als schöner Stern auf dem Papier abgebildet hat. Es ist nämlich ein feiner Staub zwischen den Blättern herausgefallen. Fällt er in die Erde, so dient er der Vermehrung. Aber auch die Porenpilze und die Stachelpilze streuen solchen Staub aus. Er fällt aus den Löchern des Futters oder löst sich von den Stacheln ab.

Wir kennen solch feinen Staub sonst nur von der Blüte her, wo er in den Staubgefäßen gebildet wird. Bei den Pilzen hat er aber eine andere Aufgabe. Ist er nämlich zur Erde gefallen, so kann aus jedem Staubkörnchen ein winziges Fädchen hervorwachsen. So kommt das bleiche Fadengeflecht im Erdboden zustande, und wo es sich zu einem Knäuel verfilzt, da entsteht ein Pilz. Also ist der feine Staub der Pilze gleichzeitig ihr Same, und man bezeichnet ihn deshalb auch als den *Samenstaub*.

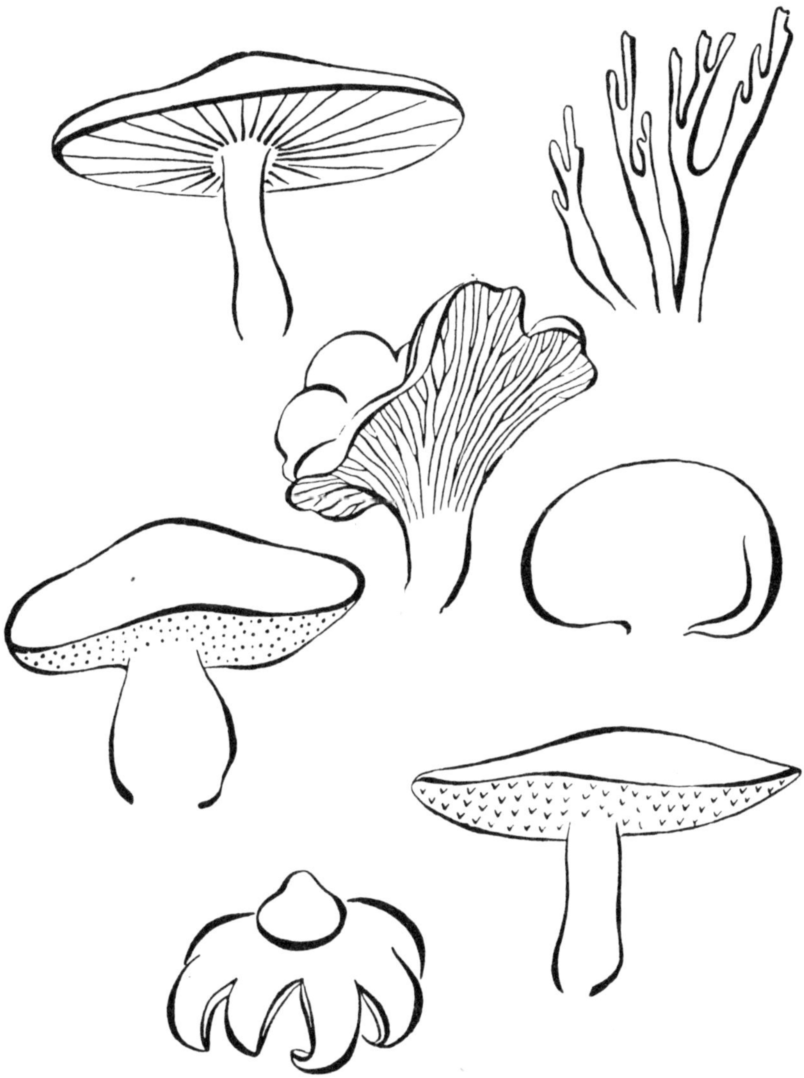

*Oben ein Blätterpilz und ein Korallenpilz. In der Mitte ein Pfifferling. Rechts daneben ein Bovist, links ein Porenpilz. Unten ein Stachelschwamm und der Erdstern*

Manchmal findet man im Walde große Kreise von Pilzen, zuweilen sogar in einem großen Kreis noch kleinere Kreise, wie wenn man einen Stein ins Wasser wirft und sich die vielen Ringe bilden. Bei den Pilzen nennt man sie Hexenringe. Dieses eigenartige Naturspiel erklärt sich daraus, daß in der Mitte einmal ein Pilz gestanden hat. Sein Fadengeflecht hat sich dann nach allen Seiten gleichmäßig ausgebreitet. In der Mitte ist es schon zerfallen, aber am Rande treibt es von Zeit zu Zeit Pilze nach oben. Das sind die Hexenringe.

So einfach ist also ein Pilz, daß er nicht einmal den Blütenstaub und den Samen richtig unterscheiden kann. Aber noch anderes kann er nicht unterscheiden. Man kommt darauf, wenn man sich die Form der Fruchtkörper bedächtig betrachtet. Manche von ihnen, wie z. B. der Bovist, sind rund wie Früchte, diejenigen aber, die einen Hut haben, stülpen diesen zuweilen nach oben oder sie bilden richtige Kelche und Trichter, manche sogar richtige Blütensterne, wie z. B. der Erdstern, so daß man gleich sieht: die machen eine Blüte nach!

Bei den höheren Pflanzen sind Blüte und Frucht nicht dasselbe, bei den Pilzen aber wird beides durcheinandergeworfen. Ist es dann noch ein Wunder, daß auch der Blütenstaub und der Same, der sonst in den Früchten darinnensteckt, eines und dasselbe werden? Die Boviste erzeugen ihren Samenstaub sogar im Inneren ihrer Fruchtkörper. Tritt man darauf, so platzen sie, und eine dunkle Staubwolke bewegt sich durch die Luft.

Aber man darf das Wichtigste nicht vergessen! Die Blüten der höheren Pflanzen öffnen sich nach oben und nehmen das Sonnenlicht in sich auf. Sie sind ja auch von der Sonne gebildet worden. Die Pilze dagegen, diese Geschöpfe der Finsternis, öffnen sich nach unten, nach der dunklen Erde hin und schließen sich nach oben durch den Hut ab. Was sonst durch die sonnenerhellte Luft getragen wird, das strebt bei den Blüten und Früchten der sonnenlosen Erde nach unten in den feuchten, dunklen Erdengrund. Kein Insekt will etwas von diesen Blüten der Erde wissen, kein Schmetterling besucht sie, keine Biene läßt sich darauf nieder, um den Saft zu saugen. Höchstens Aasfliegen kommen manchmal, sich am eklen Schleim zu weiden. Und Schnecken nagen Löcher hinein.

Jetzt haben wir also die Erklärung, warum die Pilze, die niedersten Gewächse, doch farbig sein können wie Blüten und Früchte. Aber es sind andere Farben, es sind die Farben der Erde, die da sichtbar werden, nicht Sonnenfarben. Sie verlocken uns nicht wie die Farben der Früchte, sie verheißen auch keinen Blumenduft. Manche scheinen uns sogar vor dem Gifte zu warnen, welches damit verbunden sein könnte, aber schön sind sie trotzdem, diese Pilzfarben, denn die Erde bringt durch sie ihren Reichtum ans Licht.

Wer Pilze und Schwämme im Walde oder auf einer Wiese findet, der kommt zunächst gar nicht auf den Gedanken, daß diese drolligen Kobolde den grünen blättrigen Pflanzen verwandt sein könnten. Sind sie doch so sonderbar gestaltet, daß sie einem wie Wesen vorkommen, welche sonst nicht ihresgleichen haben. Besondere Lieblinge der Sonne scheinen sie jedenfalls nicht zu sein, diese Pilze und Schwämme, denn sonst müßten sie doch grüne Blätter und Stengel haben. Aber kein einziger Pilz hat Stengel oder Blätter, nur Stiele haben manche. Weil die Pilze und Schwämme nicht zur Sonne gehören, darum können sie auch an solchen Orten wachsen, wo fast kein Licht hinkommt, ja man kann sie sogar, wie z. B. den Champignon, in völliger Dunkelheit kultivieren.

Auch der Untergrund, auf welchem Pilze gedeihen sollen, muß anders beschaffen sein als bei den grünen Gewächsen. Wollte man nämlich einen Pilz nehmen und ihn in Gartenerde verpflanzen, so wäre das Ergebnis, daß er sich dort nicht einwurzelte. Es fehlt ihm die Kraft der grünen Pflanzen, allein vom Sonnenlichte und den Stoffen der Erdenkrume, wie Sand, Lehm usw., zu leben. Das kann man schon daran sehen, daß die Pilze keine ordentlichen Wurzeln haben. Reißt man einen aus seinem weichen Mutterboden heraus, so zeigt sich, daß er mit einem bleichen Fadengeflecht in Verbindung steht. Dieses Geflecht durchzieht den Untergrund so ähnlich wie der Schimmel es mit feucht gelagertem Brot tut, und der Pilz zieht sich mit Hilfe seines Fadengeflechtes auch seine Nahrung ebenso aus seinem Mutterboden wie der Schimmel aus dem Brote. Wie aber muß ein Untergrund beschaffen sein, damit Pilze entstehen können? Durch diese Frage kommt man auf etwas sehr Wichtiges: Es müssen nämlich immer die abgestorbenen Reste und sich zersetzenden Teile von anderen Pflanzen oder von Tieren im Boden vorhanden sein, sonst können keine Pilze daraus hervorwachsen. Im Waldboden sind ja immer faulende Blätter oder Nadeln und zerfallendes Holz, und auf Wiesen kommen Pilze hauptsächlich dort vor, wo Mist verrottet; an Bäumen aber können Pilze und Schwämme nur dann auftreten, wenn der Baum schon krank und im Absterben begriffen ist. An gesunden Bäumen findet man niemals Schwämme.

Sie machen es sich also sehr bequem, diese Pilze und Schwämme. Sie verdauen einfach solche Stoffe, welche sich andere Pflanzen oder Tiere schon aufgebaut haben. Wie muß man da, wenn man dieses weiß, die grünen Pflanzen bewundern, denen die Sonne die Kraft verleiht, sich aus Licht und den mineralischen Stoffen aufzubauen! Wer es sich so bequem macht, der kann natürlich auch nur so schwammig aussehen wie ein Pilz. Zwar vermag er rasch zu wachsen — schon eine einzige warme Regennacht genügt, um Pilze massenhaft aus dem Boden schießen zu lassen —, aber er bringt kein festes Gerüst zustande, gerade wie wenn er keine Knochen in sich hätte. Und genau so schnell wie das Wachstum ist dann der Zerfall. Man sieht es doch, wie leicht die Pilze von Maden zermürbt werden!

Der Mensch soll also nicht so wie ein Pilz werden. Aber in der Natur hat alles seinen Sinn und seine Ordnung, man muß nur zu verstehen suchen, wie es zusammenhängt, dann kann man sogar bewundern und begreifen, warum die Pilze gerade so sein müssen, wie sie sind.

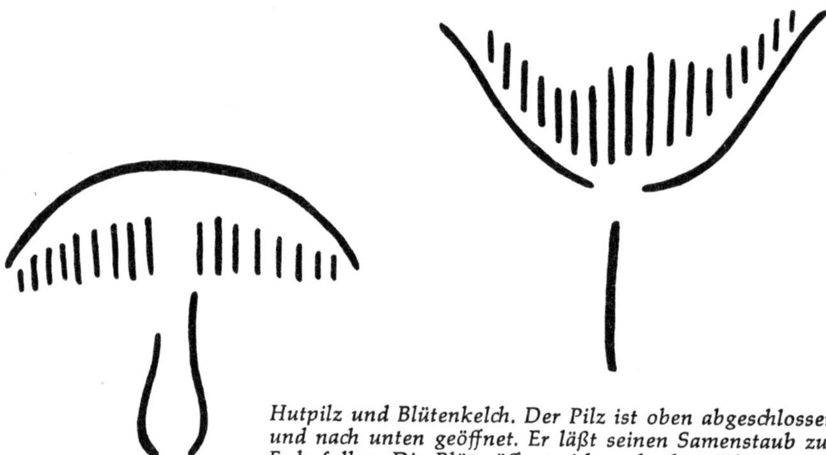

*Hutpilz und Blütenkelch. Der Pilz ist oben abgeschlossen und nach unten geöffnet. Er läßt seinen Samenstaub zur Erde fallen. Die Blüte öffnet sich nach oben, Blütenstaub und Duft werden durch die lichtdurchflutete Luft getragen.*

Eigentlich sind sie doch eine Art von Früchten! Man kann ja ihr Fleisch essen, sofern es nicht giftig oder scharfschmeckend ist. Aber diese Früchte hängen nicht an Bäumen wie die Birnen und die Äpfel, sondern sie hocken auf der flachen Erde herum. Wo ist nun der Baumstamm, wo sind die

Äste, welche solch merkwürdige Früchte tragen? Die behält die Erde in sich! Sie gibt sich nicht erst die Mühe, sich auszustülpen und Baumstämme aufzutürmen, und so kommt es, daß der zu den Pilzen gehörige Baum in der Erde darinnen bleibt. Nur seine Früchte läßt er oben herausgucken. Das sind eben die Pilze, so merkwürdig es auch zunächst anmuten mag. Ja, es gibt Pilzarten, welche sogar ganz unter der Erde bleiben, wie z. B. die Trüffel, dieser hochgeschätzte Speisepilz, den man, weil man ihn sonst nicht finden würde, durch besonders abgerichtete Schweine, die Trüffelschweine, herausschnüffeln lassen muß.

Da die Sonne an diesem Erdenbaum überhaupt kein Interesse hat, kann er auch keine Blätter bekommen. Was Wunder, daß dann viele dieser Früchte giftig werden, denn die Sonne kann sie ja nicht läutern und nicht bis zur Süßigkeit reif machen. Am ehesten könnte man ihren Geschmack noch mit Fleisch vergleichen.

So geht es also, wenn einmal die Sonne und die Erde nicht zusammenwirken wollen! Reine Erdenpflanzen sind sie, diese Pilze und Schwämme. Deshalb nehmen sie auch so drollige Formen an, daß sie einem Spaß machen, wenn man sie entdeckt. Wie kleine Waldgeister stehen sie herum. Manche stinken sogar, wie z. B. die Stinkmorchel, die die ganze Umgebung widerlich verpestet.

Wie wenig sie doch können, diese Pilze und Schwämme, wenn man sie mit anderen Pflanzen vergleicht, welche Wurzeln, Blätter und Blüten haben! Die Mutter Erde muß sie füttern wie ihre kleinen Kinder, und sie sind ja auch die Babys unter den Pflanzen. Fast gar nichts können sie als verdauen und besonders gut wachsen. Der Mensch ist nur in seinen allerersten Lebensmonaten so wie ein Pilz. Da muß er ebenfalls gefüttert werden, damit er wachsen kann. Später aber lernt er alles und kann es selbständig tun. Wenn die Pilze und die Schwämme etwas dazulernen sollten, so müßte die Sonne es sie lehren. Aber das tut die Sonne nicht, und so bleiben denn die Pilze und Schwämme ewig die Pflanzenbabys.

## *Ein Pilz, der eine Blume werden wollte*

Was herauskommen kann, wenn ein Pilz für sich allein den Versuch macht, eine Blüte zu werden, sieht man deutlich an der *Stinkmorchel.* Halb ist es zum Staunen und halb zum Darüber-Lachen. Ja, sie ist eine der allermerkwürdigsten Gestalten des ganzen Pflanzenreiches, und man darf sich nicht abhalten lassen, sie zu studieren, nur weil sie stinkt. Schon lange ehe man sie mit Augen gesehen hat, macht einen ihr „Duft" aufmerksam. Trotzdem gelingt es manchmal nur mit Mühe, sie überhaupt zu entdecken. Man kriegt nämlich nicht heraus, wo es herkommt. Vielleicht denkt man aber auch, daß irgendwo ein totes Tier liegt. Kommt man dann in die Nähe, so scheucht man, ohne es zu wollen, die vielen Aasfliegen auf, die dort ihre Weide gefunden haben.

Solange die Stinkmorchel noch jung und unentwickelt ist, sieht sie genau wie ein Bovist aus; schneidet man aber die Kuppel durch, so sieht man im Innern die Schichten des künftigen Pilzes schon veranlagt. Schließlich streckt sich der Stiel, sprengt die Hülle und schlüpft hervor. So wird erst ein richtiger Pilz daraus mit einem langen, dicken Schaft und einem Köpfchen, wie es auf dem Bilde zu sehen ist. Das Köpfchen hat oben ein kleines Loch. Die Haut des Köpfchens sieht zuerst grünlich aus und hat noch keine unangenehmen Eigenschaften; erst mit der Zeit verschleimt sie und nimmt ihren widerlichen, durchdringenden Geruch an. Zuletzt aber tropft der „Duftstoff" herunter, und das Köpfchen der Stinkmorchel sieht dann schneeweiß aus.

Jetzt können wir den Versuch machen, zu enträtseln, was es mit einer Stinkmorchel denn nun eigentlich auf sich hat: Sie ahmt auf ihre besondere Art und Weise eine Blüte nach. Unten ist der dicke Stiel und oben darauf sitzt das „Blütenköpfchen". Weil es eben nicht von der Sonne gebildet ist, duftet es auch nicht wie eine richtige Blüte, es haucht Verwesungsduft aus. Die Insekten, welche davon angelockt werden, sind nicht Schmetterlinge und Bienen, die Kinder der Helligkeit, es sind Aasfliegen, die sich gerne am Verwesenden gütlich tun.

Und nun kommt das Erstaunlichste an dem ganzen Vergleich: In den eklen Schleim eingeschlossen findet sich nämlich der Samenstaub. Bei

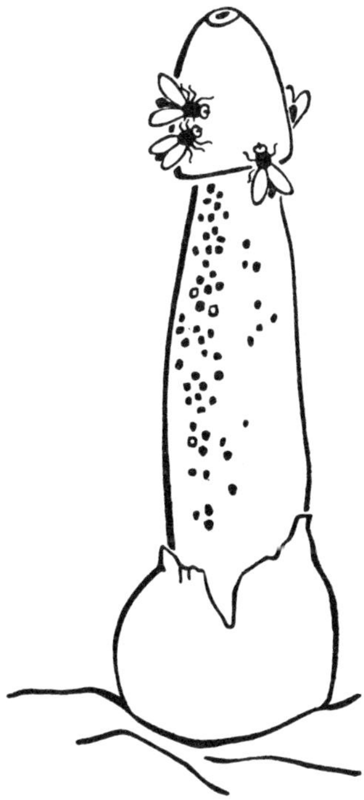

*Die Stinkmorchel ist aus ihrer Hülle hervorgebrochen, und nun werden durch ihren üblen Geruch die Fliegen angelockt.*

anderen Pilzen fällt er aus dem Futter heraus, hier aber bleibt er an den Fliegen kleben, wenn sie herumwaten und sich dabei beschmieren. Mögen sie dann hinfliegen, wo sie wollen, überall verbreiten sie den Samenstaub der Stinkmorchel. Eigentlich ist es ja gar kein Staub, wie ja auch Blütenstaub meist kein richtiger Staub ist. Also hat es die Stinkmorchel wieder treffend nachgemacht. Bei den wirklichen Blüten spielt sich aber alles oben in der Sonne ab, bei den Stinkmorcheln dagegen nicht, und dementsprechend sind denn auch die Besucher, die sich angezogen fühlen.

Jedesmal, wenn man eine Stinkmorchel sieht oder wenn man eine irgendwo riecht, wird man daran erinnert, daß es nicht darauf ankommt, das Lichterfüllte nur nachzumachen. Man muß selbst lichterfüllt sein, sonst ist man eben doch nur wie eine Stinkmorchel.

## *Von den Flechtenzonen der Erde*

Wer in unseren glücklichen Gegenden lebt, wo die Erde wie ein Garten ist und auf jedem Stückchen Boden irgend etwas Nutzbringendes wächst, weil dieser Boden fruchtbar ist, der kann sich nur schwer vorstellen, wie es in solchen Erdgegenden aussieht, wo kein saftig-grünes Kraut sproßt und sprießt, kein Baum sich erhebt, sondern wo nur ein kärglicher graugrüner Überzug den Erdenleib bedeckt. Das sind die Flechtenzonen, welche sich in den weiten Gebieten jenseits des Polarkreises dehnen. Die Flechten gedeihen noch unter den ungünstigsten Bedingungen, ehe das pflanzliche Leben ganz aufhört.

Aber auch ohne den Norden zu bereisen, kann man Flechtenzonen kennenlernen. Man braucht nur auf einen hohen Berg zu steigen. Dort, oberhalb der Waldgrenze, wo selbst das Knieholz zu Ende ist und die kalten Regenschauer an die nackten Felsen schlagen, wo statt fruchtbarer Erdkrume häufig nur Geröll herumliegt, da ist das Gestein immerhin noch mit Flechtenkrusten überzogen. Selbst die hohen Berge der Tropen, wie z. B. der Kilimandscharo, haben ihre Flechtenzonen.

Und schließlich gibt es noch eine dritte Flechtenzone. Diese zu sehen, braucht man sich weder auf die Reise nach dem Norden zu begeben noch muß man den Rucksack für eine Bergbesteigung herrichten, man braucht nur in den Wald hinauszugehen und die Baumstämme zu untersuchen, denn auch dort wachsen Flechten in Massen. Ist doch, wie wir bereits wissen, jeder Baumstamm so ähnlich wie ein ganz kleiner Berg. Seine Rinde ist ebenso tot wie das Gestein, und sie trocknet auch ebenso schnell aus, wenn es nicht mehr regnet. Man findet darum die Krusten, Schuppen oder Bärte der Flechten vorwiegend auf der Wetterseite der Stämme. Auf Obstbäumen siedeln sich zuweilen dicke Büschel graugrüner Flechten an. Berührt man sie, so bekommt man staubige Finger.

Es ist klar, daß diese merkwürdigen Pflanzenformen ihr Wasser nur aus der Luft nehmen können. Bei Regen und Nebel, oder wenn die Wolken bis auf die Erde herabhängen, saugen sie sich voll, und es macht ihnen nichts weiter aus, wenn sie hinterher wieder vollständig austrocknen. Auch wenn sie zu Stein gefrieren, schadet es ihnen nichts. Sobald sie aufgetaut sind, leben sie einfach weiter. Das ist allerdings etwas völlig anderes als bei den Pilzen, denn welcher Pilz vermöchte es, auf der Oberfläche von Steinen, an Baumrinden oder auf mineralisch totem Boden fortzukommen, wo es nicht einmal möglich ist, ein unterirdisches Faden-

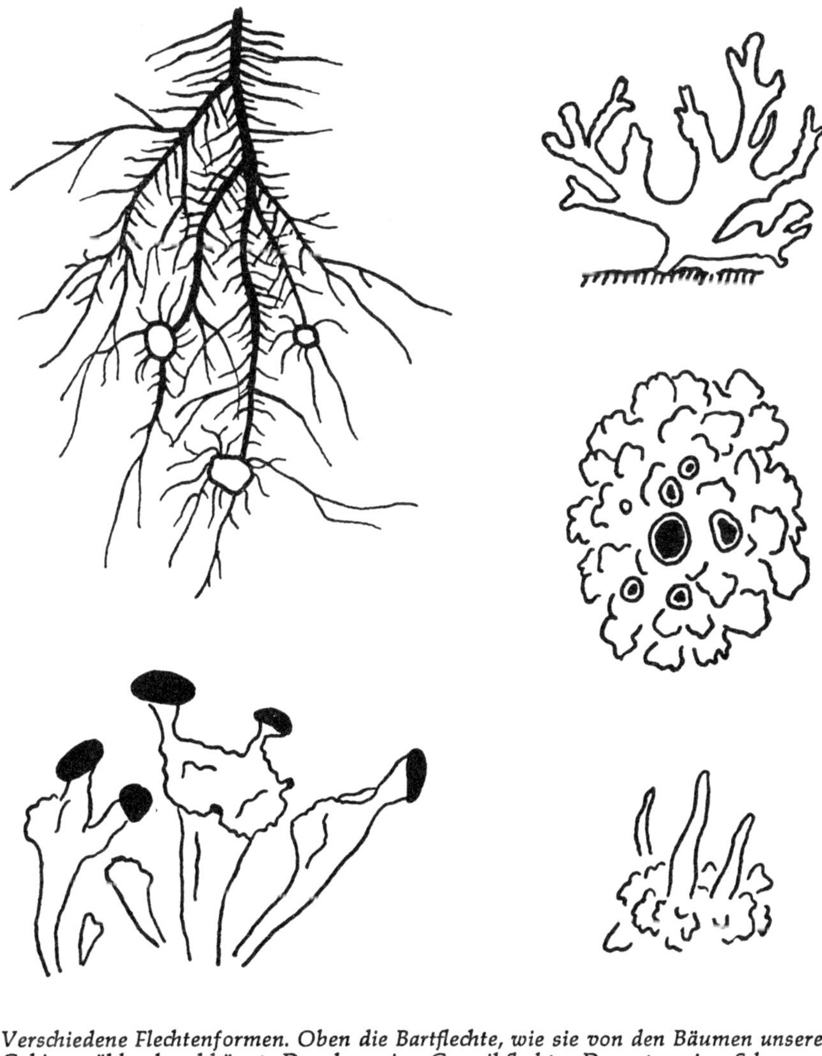

*Verschiedene Flechtenformen. Oben die Bartflechte, wie sie von den Bäumen unserer Gebirgswälder herabhängt. Daneben eine Geweihflechte. Darunter eine Schuppenflechte mit Samenstaub-Schüsselchen. Unten eine stark vergrößerte Trichterflechte. Daneben eine Bodenflechte.*

geflecht zu bilden? Kein einziger könnte es! Dafür könnten die Flechten wieder nicht in der Dunkelheit fortkommen wie die Pilze. Sie werden vom Sonnenlichte auf Steine, Baumrinden usw. hingehaucht, wie wenn man eine eiskalte Fensterscheibe anhaucht, wo sich sogleich Eisblumen bilden.

Betrachten wir zunächst einmal, was die *Sonne* tut, wenn sich Flechten bilden. Unter so ungünstigen Bedingungen kann die Sonne selbstverständlich noch keine richtigen Pflanzen zustande bringen, denn sie kann ja nicht tief genug eindringen, aber sie versucht es doch immerhin. Wie anders könnten sonst die Flechten grünlich aussehen und so oft jene blattartigen Formen annehmen, sind doch auch Schuppen und Schüppchen schließlich nichts anderes als ganz kleine, verkümmerte Blattstückchen. Andere Flechten wieder nehmen sich eher wie Stengelchen aus, die sogar verzweigt sein können. So z. B. die Renntierflechte, deren graue Polster die nördlichen Zonen bedecken und als Futter der Renntiere so wichtig sind, oder die Bartflechten, die in regenreichen Gebirgen von den Bäumen herabhängen. Auch Geweihformen kommen öfter vor, so z. B. an Obstbäumen. Sie können als Zwischending zwischen Blättern und verzweigten Stengelformen angesehen werden.

Und was gibt die *Erde* zu den Flechten dazu? Auf diese Frage eine Antwort zu finden, ist schwerer, aber die Naturforscher haben etwas herausgebracht, worüber sie sich selbst nicht genug wundern konnten: In der Flechte steckt nämlich, geheimnisvoll verborgen, ein Pilz darinnen! Dieser Pilz kann natürlich nicht so wachsen wie sonst. Schon weil er keine Möglichkeit hat, sein Fadengeflecht in die Steine oder Baumrinden hineinzuerstrecken, und weil er an der Oberfläche bleiben muß, muß er anders werden. Er kann nur ganz langsam wachsen und muß ganz klein bleiben. Dennoch kommt er manchmal deutlich sichtbar zum Vorschein. So findet man z. B. im Walde zuweilen jene merkwürdigen Ansammlungen trichterförmiger Flechten. Oft sind sogar zwei oder gar drei Trichter aufeinandergesetzt. Da haben wir die Trichterform des Pilzes! Ja, man kann die ganze mannigfaltige und so vielgestaltige Formenwelt der Flechten am besten verstehen, wenn man bedenkt wie hier die Pilzform und die richtige Pflanzenform im Zwergenhaften miteinander spielen. Bald überwiegt die eine, dann entstehen winzige Trichter oder Röhren, Schüsselchen usw., bald setzt sich die andere durch, dann bilden sich Schuppen, Blättchen, Lappen,

Stengelchen, Fäden usw. Aber den Zweiglein und Schuppenblättchen der Flechten fehlt jene wunderbare Regelmäßigkeit und Ordnung, die wir am Aufbau der höheren Pflanzen so bewundern. Jedesmal, wenn die Flechte so wie eine höhere Pflanze werden möchte, kommt der Pilz und bringt alles wieder in Unordnung. Darum bleibt in der Form der Flechten alles so unbestimmt. Vom Pilz stammen auch die feinen Saugfäden, mit deren Hilfe sich die Flechten auf ihrer Unterlage festhalten, so daß man sie nicht herunterbringt, ohne sie zu zerreißen.

Schließlich muß aber auch noch geschildert werden, wie die Flechten es machen, wenn sie sich vermehren und fortpflanzen wollen. Da können sie es sich sehr leicht machen. Sie können nämlich einfach zerbröckeln, oder sie stoßen von ihrer Oberfläche einen graugrünen Staub ab. Dann kommen Wind und Regen und verbreiten die Teilchen überallhin, und wo eines hinkommt, da wird eine neue Flechte daraus.

Aber die Flechten können noch etwas mehr, und das haben sie von den Pilzen gelernt. Sie können nämlich auch richtigen Samenstaub erzeugen. Ab und zu findet man einmal im Wald Flechtenkrusten oder Trichterflechten, auf denen ganz richtige, winzig kleine Pilze darauf sitzen, die in prächtigen Farben leuchten, meist rot oder gelblich. Das sind die Fruchtkörper dieser Flechten, die den Samenstaub bilden. Wer wollte nun noch bezweifeln, daß in den Flechten wirklich ein verzauberter Pilz darinnen steckt! Wenn die Flechte ihre Fruchtkörper bildet, läßt sie den Pilz für sich allein, und sogleich kommt die prächtige Färbung heraus und wird zum Verräter. Etwas anders machen es gewisse Krustenflechten, die an Baumrinden wachsen. Sie lassen, wenn sie Fruchtkörper bilden wollen, statt der Pilze kleine Schüsselchen entstehen. Wer gute Augen hat und danach sucht, der wird sie überall finden.

## *Von der Pflanzenwelt des Meeres, den Algengewächsen*

Steigt man von der Betrachtung der Flechtenstufe zu den Algengewächsen auf, so lernt man eine Pflanzenwelt kennen, welche aus lauter blättrigen Teilen zusammengesetzt ist. Die Algengewächse können nur als untergetauchte Wasserpflanzen leben, und wer sie studieren möchte, der muß an das Meer gehen. Zwar kommen auch in den süßen Gewässern des Binnenlandes Algenarten vor, doch sind diese im Vergleich zu denjenigen des Meeres nur klein und unscheinbar. Deshalb werden auch die Meeresalgen mit einem besonderen Namen bezeichnet. Man nennt sie *Tange.*

Steht man am Meeresstrande und blickt durch das klare Wasser in die Tiefe, so kann man den Eindruck märchenhafter Landschaften gewinnen mit Wiesen, Gärten, Büschen und Wäldern, alles im Wellenschlage hin und her wogend. Manche Arten sehen wie Salat aus, und man nennt sie auch den Meersalat, wieder andere erinnern einen an Palmen usw. Aber auch moosartige gibt es, die sehr zierlich anzusehen sind. Besonders in den wärmeren Ländern nimmt der Formen- und Gestaltenreichtum der Algengewächse gewaltig zu. Man kann ihre Herrlichkeit betrachten, wenn man von Schiffen aus auf den Meeresgrund blickt. Viele sind nicht grün, sondern rot gefärbt und roten Korallen vergleichbar, aber auch braune und violette gibt es. Wer könnte sich da die Farbenpracht nicht ausmalen! Würde man diese Märchenwelt aus dem Wasser, welches sie trägt, herausnehmen und auf das feste Land versetzen, so würde sie in sich zusammensinken wie Quallen. Nur im Wasser untergetaucht können sich die Tange ausbreiten. Sie schweben gleichsam im Wasser. Das Wasser mit der Sonne zusammen hat sie ja auch gebildet, diese traumhaften Blätterwesen. Denn was ist ein Blatt weiter als ein Stückchen Wasserfläche, auf welches die Sonne daraufscheint, mit einer Haut darum herum! Etwas ganz anderes sind die Stengel. Sie wachsen aus der *Wurzel* heraus, wenn die Sonne die Erde anstrahlt. Jeder Pflanzenstengel ist ein grüner Sonnenstrahl, den die Erde widerspiegelt. Da die Algengewächse aber keine Wurzeln haben, denn sie halten sich nur mit Haftscheiben am Meeresgrunde fest, können sie auch keine stützenden Stengel bilden. Man kann darum von ihnen auch nicht sagen, daß die Erde ihre Mutter sei, wie bei den Gewächsen des

Festlandes. Für die Algengewächse ist das *Meer* die Mutter und die Sonne der Vater. Diese Mutter aber ist wandelbar, unstet und beweglich wie ihre Wellen und Wogen. Da hinein muß die Schöpferkraft der Sonne wirken, und die Pflanzenformen, die sie zustande bringt, sind darum ebenso beweglich, veränderlich und unbestimmt. Was wie Stiele und Äste bei ihnen aussieht, das erweist sich bei genauerem Zusehen doch nur als in die Länge gezogene Blatteile. Besonders bei breiteren Flächen ist es oft ganz unmöglich, herauszubekommen, welche Umrisse solch ein Lappen nun eigentlich hat. Man kann sich ja auch gut vorstellen, wie es zugehen muß, wenn ein Sturm tobt. Dann werden die Tange zerfetzt, Massen von ihnen werden vom Meeresgrunde losgerissen. Die treiben dann wie Inseln an der Oberfläche, und es kann sogar vorkommen, daß kleine Schiffe darin steckenbleiben.

Wenn man die Algenwelt aus den höheren Pflanzen des Festlandes gewinnen wollte, so brauchte man sich nur die Wurzeln und die Blüten abgetrennt zu denken und den blättrigen Rest in das Wasser zu versetzen. Sogleich würden alle scharfen Umrisse verschwimmen, und was hart und steif war, würde weich und schmiegsam werden. So ist die Algenstufe natürlich nicht entstanden, aber man sieht doch, wie beide Stufen zusammenhängen. Es ist nämlich sehr merkwürdig, daß fast alle Pflanzenformen des Festlandes auf der Algenstufe schon einmal vorhanden sind, soweit sie nämlich Blätter haben: Moose, Gras und Kräuter, Palmen, Büsche usw. Viele Tange sehen zwar so aus, als ob sie schon in Blätter und Stengel gegliedert wären, aber sie sehen eben nur so aus. Andere, wie z. B. der Beerentang, haben Bildungen an sich genau wie Früchte. Es können aber keine Früchte sein, weil es ja auf der Algenstufe die Blüte noch gar nicht gibt. Quallen und ähnliche freischwimmende Tiere müssen die Stelle der Blüten und gleichzeitig der Schmetterlinge vertreten.

So machen die Algengewächse die richtigen Pflanzen, die Blütenpflanzen nach, obwohl sie noch unvollkommen sind. Es fehlt ihnen die Kraft, selbst Blütenpflanze zu werden. Nur wenn sie auf das feste Land kommen würden und sich dort verwurzelten, so daß statt des Meeres die Erde ihre Mutter sein könnte, würde sie auch die Sonne blühen und fruchten lassen. Kleine Kinder machen ja zunächst auch alles nur nach, was sie sehen und hören. Dann kommen sie sich vor, als ob sie es aus eigener Kraft tun könnten. Sie ahmen es aber nur nach wie die Algengewächse die Blütenpflanzen.

Die in unseren Binnengewässern wachsenden Algen sind viel einfacher gebildet. Sie sehen nur grün aus und haben meistens Fadenform, weshalb man sie auch die Fadenalgen nennt. Besonders im Frühjahr findet man diese schleimigen Gewirre in Bächen, Teichen und Tümpeln. Später lösen sie sich von selbst auf. Nimmt man sie in die Hand, so fühlen sie sich schlüpfrig oder wie nasse Haare an.

Aber noch viel einfachere Süßwasseralgen gibt es. Hätten sie nicht die grüne Farbe, so würde man sie überhaupt nicht als Pflanzen erkennen. Man findet sie ebenfalls in Gräben, Teichen und Tümpeln, manchmal sogar in Pfützen, wo sie nur einen grünen Bodenbelag bilden, und erst wenn man ein gutes Vergrößerungsglas zu Hilfe nimmt, bemerkt man, daß dieser grüne Überzug in Wirklichkeit aus Tausenden und aber Tausenden allerkleinster punktförmiger Algen zusammengesetzt ist. Auch an feuchten Felsen, Brunnen, Hauswänden und Grabsteinen kommen solche Punktalgen vor, vorausgesetzt, daß öfter Wasser darüberläuft.

## *Das Moos*

Die Moose gefallen einem so gut, weil sie so klein sind. Wenn man im Walde liegt, so daß man sie ganz nahe vor Augen hat und genau betrachten kann, merkt man erst, wie sorgfältig jedes einzelne Pflänzchen durchgebildet ist. Manche sehen wie kleine Tannenbäumchen aus. Das sind die Bäumchenmoose. Andere erinnern einen an Farnkräuter oder an winzige Fichten- oder Tannenästchen. Wieder andere haben rundliche, durchscheinende Blättchen an ihren verzweigten Stengelchen. So ist jede Art anders wunderbar, und jede hat ihre besondere Eigenart. Am besten gedeihen die Moose, wo es feucht ist wie am Waldboden, aber auch an trockeneren Stellen, so z. B. in Vertiefungen der Steine, in Felsspalten, ja selbst auf Dächern, wo sich etwas Erde angesammelt hat, können Moose vorkommen. Die Felsenmoose sind besonders klein.

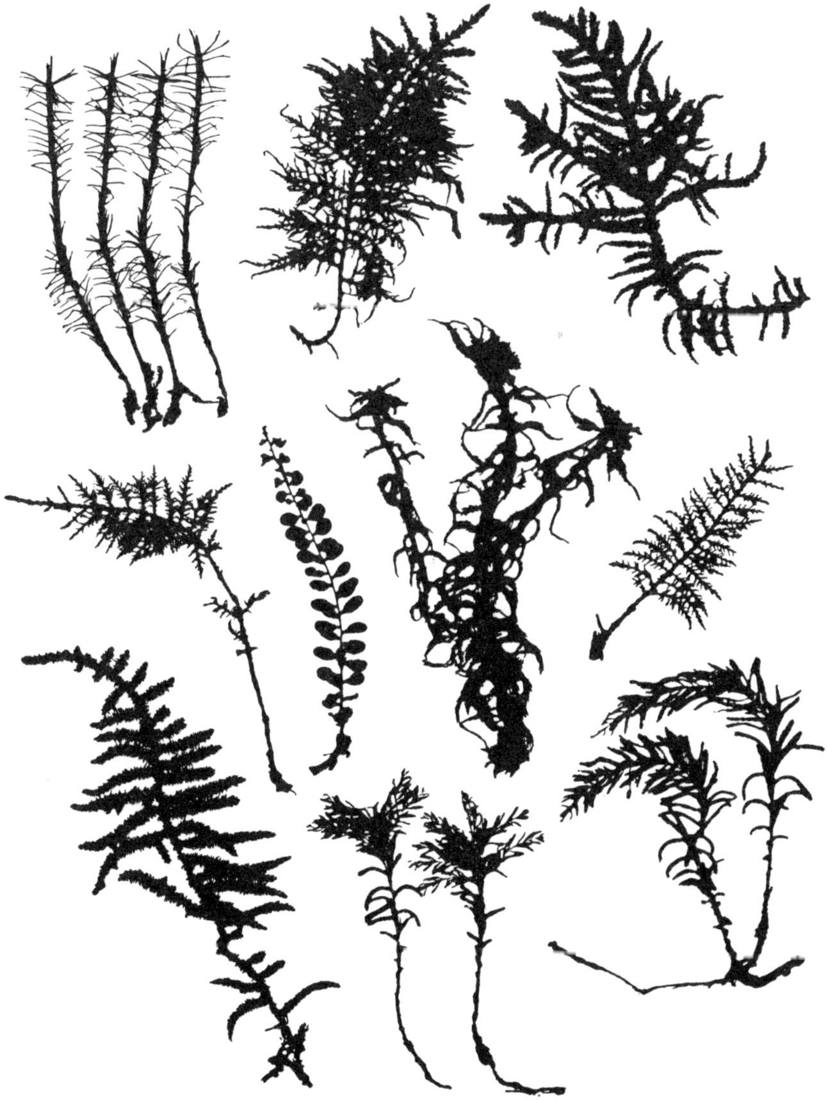

*Herbarienblatt mit verschiedenen Bäumchenmoosen, Ästchenmoosen und Blättchenmoosen. In der Mitte drei Torfmoos-Pflänzchen.*

Ein berühmter Moosforscher hat sich den Spaß gemacht, viele verschiedene Moosarten zu sammeln und Landschaftsbilder daraus zusammenzustellen. Als er fertig war, zeigte sich, daß in der Mooswelt fast alle Pflanzenformen im kleinen nochmals vorhanden waren. So bekam dieser Moosforscher z. B. eine Urwaldlandschaft, wo es üppig wuchert. Ein anderes Bild ergab eine Oase mit Palmenformen usw. Jeder, der will, kann es nachmachen. Man erkennt daraus, daß die Moose, genau wie die Algengewächse, in Wirklichkeit eine ganze *Stufe des Pflanzenreiches* sind, nicht nur eine gewöhnliche Pflanzenart. Steht man in einem Walde und vertieft sich in den Anblick der großen Bäume, dann wird es einem ganz merkwürdig zumute, wenn man plötzlich daran denkt, daß es ja noch eine zweite, eine ganz kleine Pflanzenwelt unter der großen gibt, eben die Moose. Die Eigentümlichkeiten dieser kleinen Pflanzenstufe sollen nun beschrieben werden.

Das erste, was man da bedenken muß, ist, daß die Moospflänzchen nicht einzeln für sich allein stehen können. Nur als Polster oder als Rasen gedeihen sie. Sie saugen dann das Wasser in sich auf wie ein Schwamm, so daß auch die Erde immer feucht bleibt. Wären diese Moospolster nicht vorhanden, so würde das Regenwasser immer gleich zu Tale schießen, Bäche und Flüsse würden Hochwasser bekommen und alles überschwemmen. Außerdem würde das Wasser gar nichts nützen, denn der Waldboden wäre bald wieder ausgetrocknet, und das müßte den Bäumen schaden. Man sieht also, daß auch den kleinsten unter den Gewächsen sehr wichtige Aufgaben im Leben der ganzen Natur zufallen.

Manche Moosarten haben hellgrünes Laub, andere sind dunkler gefärbt, aber grün sind sie alle. Es müssen also schon richtige Pflanzen sein, diese Moose. Sie hätten sonst ja auch keine Blättchen und Stengelchen. Die gibt ihnen die Sonne; aber so viel Sonnenlicht wie die großen Pflanzen brauchen die Moose nicht, wie man an den Waldmoosen des Halbschattens sehen kann. Sie gehören eben noch sehr eng zur Erde. Eigentlich bilden sie sogar den Übergang von der Erde zu den Pflanzen. Die Sonne erweckt das Pflanzenleben nur ganz wenig, wenn sie Moose bildet, darum eben sind diese so klein. Aber wo Moose vorkommen, da wird es auch in der Erde lebendiger. Man braucht nur einmal nachzusehen, wie es wimmelt in solch einem Moospolster. Da entdeckt man alle möglichen Schneckchen, Ameisen, Würmer, Spinnen, Tausendfüßler, Larven und Puppen. Auch den Baumwurzeln gefällt es sehr gut in dieser Moosfeuchtigkeit.

Nun ist es ganz klar, daß solch niedere Gewächse, wie die Moose es sind, noch sehr wenig können. Zieht man ein Pflänzchen aus einem Polster heraus, so bemerkt man, daß es keine richtigen Wurzeln hat. Manche haben zwar Büschel von Saugfädchen, die man mit Wurzeln vergleichen könnte, sehr viele aber gehen unten einfach in die Erde über, so daß man gar nicht weiß, wo die Pflanze aufhört und wo die Erde anfängt. So nahe gehören die Moose zur Erde, daß sie nicht einmal besondere Würzelchen für sich brauchen. Und von richtigen Blüten kann bei den Moosen erst recht keine Rede sein.

Wie aber machen es dann die Moose, wenn sie sich fortpflanzen wollen? Haben sie gar nichts an sich, was man mit Blüten vergleichen könnte? Sie haben etwas, und jeder, der nicht nur als Träumer draußen im Walde herumläuft, hat es ganz gewiß schon mit Augen gesehen. Auch die Moose bilden Samenstaub aus und tun ihn in jene an langen, steifen Borsten sitzenden, nickenden Käpselchen hinein, welche man im Sommer auf den Moosstengelchen findet. Zunächst ist sogar eine zierlich zugespitzte Bastmütze über diese Käpselchen darübergestülpt. Man kann sie herunterziehen; aber später, wenn die Mooskäpselchen reif geworden sind, fällt sie von selber ab. Dann sieht man auch, daß die Käpselchen durch winzige

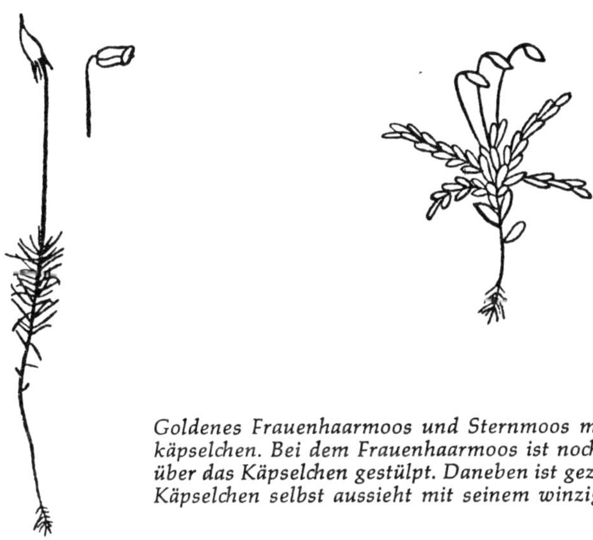

*Goldenes Frauenhaarmoos und Sternmoos mit Samenstaubkäpselchen. Bei dem Frauenhaarmoos ist noch die Bastmütze über das Käpselchen gestülpt. Daneben ist gezeichnet, wie das Käpselchen selbst aussieht mit seinem winzigen Deckelchen.*

Deckelchen verschlossen sind, welche natürlich abgeworfen werden, wenn der Samenstaub ausgestreut werden soll. Also können auch die Moose noch zu wenig, um Samen und Blütenstaub genau zu unterscheiden, denn wenn man solch ein Moos-Samenstaubkäpselchen richtig betrachtet, so muß man sich doch eigentlich sagen, daß es wie eine winzige Samenkapsel und zugleich wie ein Staubgefäß aussieht.

Wenn nun die Moose solch merkwürdige Samenstaubkäpselchen haben, so möchten sie natürlich auch kleine Blumenkrönchen dazu. Und in der Tat, auch diese kann man leicht auffinden, nur daß sie nicht an den gleichen Stengelchen gebildet werden wie die Käpselchen. Da muß doch ein Geheimnis dahinterstecken! Zunächst aber soll einfach beschrieben werden, wie die Moose es anstellen, um zu kleinen Blumenkrönchen zu kommen. Nehmen wir als ein besonders schönes Beispiel das Goldene Frauenhaarmoos, unser bekanntestes Bäumchenmoos, welches seinen Namen daher hat, daß seine Borste fast wie ein metallisch goldglänzendes Muttergotteshaar aussieht. Diese Moospflänzchen verbreitern nämlich einfach ihre obersten Stengelblätter, geben ihnen eine gelblich-rötliche Färbung und legen sie dann so aneinander, daß kleine sternstrahlige Schüsselchen daraus werden. Wer sie im Walde findet, der ruft aus: Das Moos blüht!

*Ein Moosstengelchen mit durchwachsener Blüte. In der Mitte der ersten Blüte ist das Stengelchen einfach weitergewachsen. Solche Durchwachsungen kommen auch bei richtigen Blüten, z. B. bei Rosenblüten, vor.*

Und wahrlich, die großen Pflanzen machen es ja auch nicht anders, als daß sie ihre Blütensterne aus gewöhnlichen Blättern entstehen lassen. Allerdings ist bei den richtigen Blüten auch gleich der Stempel mit darinnen. Das bringen manche Moose nicht fertig. Blütensternchen und Samenstaubkapseln sind auf verschiedene Polster verteilt, also muß man solche Moose zweihäusig nennen. Aber die Moose werden von keinen Schmetterlingen, Bienen usw. besucht, denn die Insekten tun gerade so, wie wenn die Moosblüten überhaupt nicht vorhanden wären. Dafür halten es die Moose wiederum mit der Erde, das heißt mit dem Erden*wasser*. Es spritzen Wassertropfen — nämlich wenn es regnet — von den Moosschüsselchen zu jenen Stengelchen, auf welchen dann die gestielten Kapseln wachsen. Das kann natürlich nur bei schlechtem Wetter geschehen, wenn die richtigen Blüten von den Insekten gerade nicht besucht werden. Wir sehen auch hier wieder, wie ganz anders als Blütenpflanzen die Moose doch beschaffen sind.

Aber etwas Wichtiges haben sie doch immerhin gelernt, diese Moose, was weder die Pilze noch die Algengewächse können, nämlich sich aufzurichten. Das sieht man schon an der steifen Borste des Käpselchens, aber man könnte es auch schon allein daran erkennen, daß die Moose Stengelchen ausbilden. Zwar schmiegen sich diese Stengelchen vielfach noch der Erde an, andere aber richten sich auf und stellen sich in die Erd-Sonnen-Richtung.

Schließlich muß noch das *Torfmoos* besonders erwähnt werden, weil es die Torfschichten, das Moor, bildet. Man kann es durch seine hellgrüne Färbung leicht von den Laubmoosen unterscheiden, von denen bisher die Rede war. Im völlig trockenen Zustande sieht es sogar weiß aus. Aber es kommt selten vor, daß es einmal ganz austrocknet, weil es ganz besonders viel Wasser in sich aufzunehmen und festzuhalten vermag. Greift man in die hellgrünen, schwammigen Polster hinein, so kann man ein Stück herausreißen und es zwischen den Händen ausdrücken. Wenn kein Wasser mehr abtropft, ist das Moos ganz leicht geworden. Es wächst auch nur an solchen Stellen, wo das Wasser besonders lange stehenbleibt, weil es nicht abfließen kann, und meistens stehen sogar noch ausgedehnte Wasserlachen in den Torfmoospolstern. Tritt man darauf, so ist es weich und schwankend nachgiebig, und schon mancher, der die Gefahren der

Moore nicht beachtet hat, ist darin versunken und elend umgekommen, denn die Moosschichten können viele Meter dick sein. Das kommt daher, daß das Moos Hunderte von Jahren alt werden kann. In manchen Mooren haben sich in der Tiefe von mehreren Metern noch mächtige Stämme von Bäumen gefunden, welche es heute gar nicht mehr gibt. Die sind nicht etwa versunken, wie man vielleicht zunächst glauben könnte, sondern das Torfmoos ist in Hunderten von Jahren über ihnen immer höher gewachsen, langsam Schicht auf Schicht türmend. So sind die Stämme vor der Verwesung bewahrt geblieben. Also ist auch hier gleichsam die Erde selbst gewachsen und hat sie unter sich begraben.

Zieht man ein Pflänzchen einzeln heraus, so hängt ein langer Faden daran. Das ist der Stengel, der allmählich zerfällt. Ab und zu verzweigt er sich. Das Torfmoos ist eine solche Moosart, welche keine Wurzeln hat. Es geht unten in Erde über, in den Torf nämlich, den es mit seinen zerfallenden, vertorfenden Resten erst selbst gebildet hat. Will man den Torf gewinnen, so müssen Gräben gezogen werden, damit das Wasser allmählich ablaufen kann. Dann wird der Torf gestochen, das heißt, man sticht ziegelförmige Stücke heraus und setzt sie aufeinander. So trocknen sie, bis sie sich als Brennmaterial eignen. Torf ist so ähnlich wie Braunkohle.

## *Von den Farnkräutern*

Jeder kennt diesen immerwährenden Schmuck unserer sommerlichen Wälder und findet Wohlgefallen an den schön gebildeten Blättern. Werden Farnkräuter in Gärten oder in Parkanlagen verpflanzt, so entfalten sich die mächtigen Trichter an schattigen Stellen besonders stattlich und schön. Aber noch niemals hat jemand Blüten daran gesehen, denn die Wedel — so nennt man die Blätter der Farnkräuter — sind ihre höchste Stufe. Als blütenlose Pflanze kann ein Farnkraut natürlich auch keine Früchte und Samen haben. Dennoch ist es etwas Wunderbares um diese Pflanzen. Schon wenn man sie im Frühling aus dem Erdboden herauskommen sieht, kann man sie auf den ersten Blick von allen anderen Gewächsen unterscheiden. Zuerst findet man nur Grüppchen brauner, halbkugeliger Kuppen. Bald aber zeigt sich, daß sich da etwas nach oben schiebt. Man erkennt dann auch, daß diese Kuppen in Wirklichkeit schneckenförmig eingerollt sind, und zwar alle nach dem gemeinsamen Mittelpunkt zu. Es dauert nicht lange, so wickeln sich die Schnecken zu Farnwedeln aus. Dabei werden sie immer kleiner und kleiner, und links und rechts der kräftigen Mittelrippe entrollen sich die Seitenfiedern.

Es ist ein gar geheimnisvoller Anblick, den solch eine sich auswickelnde Farnstaude in der Waldesdämmerung darbietet. Man weiß nicht genau, ob sie einen an Tiere mit eingerollten Köpfen erinnern, den Rücken nach außen gewendet, oder ob sie einem wie Gruppen kleiner Menschengestalten vorkommen, die beieinanderstehen und zusammen sprechen, denn die Seitenfiedern muten fast wie Rippen an. Sind die Wedel schließlich vollständig ausgewickelt, so stehen sie wie richtige Pflanzenblätter im Kreise. Von den Schneckchen ist nichts mehr zu sehen, denn sie sind jetzt in Blattspitzen ausgezogen.

Wie kommt es nun, daß die Farnwedel so überaus schön sind, und wie erklärt es sich, daß sie zusammen einen Trichter bilden? Das kommt eben daher, daß die Farnkräuter keine Blüten haben und alle Kraft, die ihnen die Sonne spendet, darauf verwenden, ihre Blätter sorgfältig auszugestalten. Und mit ihren Blatttrichtern, die fast wie mächtige Blütenkelche aus-

*Zwei Farnwedel, die sich auswickeln*

sehen, nehmen sie die Blütenform schon voraus, diese Farnkräuter, denn alles, was sie können, vollbringen sie mit ihrem Kraute.

Außer den Trichterfarnen gibt es nun aber noch sehr viele andere Farnkräuter. Auch in warmen Ländern kommen viele vor. Man kann diese fremdländischen Arten zuweilen in Gewächshäusern sehen. Die schönsten von ihnen sind die Baumfarne, die fast wie Palmen aussehen, denn sie haben einen Stamm, und die Blattrosette sitzt oben darauf, herrlich sich entfaltend und wunderbar gegliedert. Selbstverständlich sieht derjenige, der etwas von Farnkräutern versteht, sofort, daß er keine wirklichen Palmen vor sich hat. Er erkennt ja die Schnecken der jungen Wedel in der Mitte. Wie zauberhaft muß es sein, in einem Walde aus lauter Baumfarnen dahinzuschreiten!

*Eichenfarn*

Der Adlerfarn, der auch in unseren Wäldern häufig vorkommt, ist auf der ganzen Welt verbreitet. Er ist so hoch, daß sich ein Kind darin verbergen kann. Seine Wedel bilden keine Trichter, und die langen Stiele, auf denen sich die Blätter ausbreiten, hält man zunächst für Stengel. Das sind sie aber nicht, denn Farnkräuter haben niemals Stengel über der Erde, nur Blattstiele, wie man gleich sieht, wenn man solch einen Wedel herausreißt und für sich betrachtet. Ein Stengel ist es, wenn er Knoten hat. Blatt- und Blütenstiele haben keine Knoten. Also lauter einzelne große Blätter sind es, die die Adlerfarn-Dickichte zusammensetzen.

Nimmt man einen Farnwedel zur Hochsommerzeit, dreht ihn um und betrachtet ihn von der Rückseite her, so macht man eine interessante Entdeckung. Da sieht man nämlich, daß die Blattunterseite merkwürdige braune Zeichnungen aufweist. Oft sind es kleine oder große Punkte oder Striche, zuweilen ist auch die ganze Blattunterseite braun gefärbt, wie wenn sie verrostet wäre. Beim Adlerfarn zieht sich nur ein schmaler, brauner Saum am Blattrande hin.

Will man nun herausbekommen, was diese seltsamen Zeichnungen bedeuten, so braucht man nur den einfachen Versuch zu wiederholen, den man auch mit Pilzen anstellen kann: Man nimmt einen Farnwedel und legt ihn auf einen weißen Papierbogen. Am folgenden Tage muß man ihn dann vorsichtig abheben. Da zeigt sich, daß sich die braunen Punkte, Striche usw. auf dem weißen Papier abgebildet haben, denn genau wie aus dem Futter der Pilze, so ist auch hier Samenstaub herausgefallen. Also dienen diese braunen Zeichnungen auf den Farnwedeln der Fortpflanzung. Natürlich werden neue Farnkräuter aus dem Samenstaub, wenn er in die Erde gelangt. Aber seine Entwicklung ist viel komplizierter als bei den Pilzen. Es wird nämlich nicht gleich ein neues Farnkraut aus einem Samenstaubkorn. Wer ein eifriger Naturbeobachter ist, der kann den Vorgang erforschen.

Am besten ist es, wenn man sich zu diesem Zwecke einen besonders schönen Trichterfarn heraussucht, etwa einen Wurmfarn oder einen Frauenfarn. Man muß zur Spätsommerzeit den Waldboden unter den Farnwedeln absuchen. Da wird man kleine Pflänzchen entdecken, die mit Farnkräutern nicht die geringste Ähnlichkeit haben, denn sie sehen fast wie ein ganz kleines Algengewächs oder wie ein Stückchen Brunnen-Lebermoos aus. Ihre Farbe ist grün wie ein Blatt, ihre Form die eines kleinen Herzens, und das Ganze wird nicht größer als einen Zentimeter. Wer könnte glauben, daß diese kleinen Blättchen etwas mit Farnkräutern

*Links oben die Mauerraute, darunter der große Wedel vom Wurmfarn, rechts oben ein solcher vom Rippenfarn, darunter der Engelsüßfarn. Zum Vergleich sind alle Farne im selben Maßstab verkleinert.*

zu tun haben? Daß es dennoch so ist, kann man wiederum durch genaue Naturbeobachtung feststellen. Unter den vielen *Vorkeimen* — so nennt man die kleinen Herzblättchen — finden sich manche, die schon in Weiterentwicklung begriffen sind. Es wachsen nämlich ganz kleine und zunächst

*Ein Herbarienblatt mit Keimen vom Frauenfarn, wie man sie im Walde leicht finden kann. Die Farnvorkeime sind der Deutlichkeit halber schwarz wiedergegeben. Man sieht, wie ganz anders die wirklichen Farnblättchen, später Wedel genannt, aussehen. Wenn sie erstarkt sein werden, zerfällt der Vorkeim.*

einfache Farnblättchen daraus hervor. Wenn einige gewachsen sind, kommen auch bereits die ersten Schneckchen, sehr klein und zierlich.

Immer kräftiger werden die Schneckchen, bis eine richtige Farnpflanze mit Wurzeln fertig ist. So wird der Kreis geschlossen, und der Vorkeim kann dann ruhig zerfallen.

Betrachten wir die Farnkräuter schließlich noch einmal, um verstehen zu können, was sie nun eigentlich Besonderes erreicht haben: Sie streben wohl danach, wie wir gesehen haben, zu Blütenpflanzen zu werden, bringen es aber eben doch noch nicht fertig und müssen sich statt durch Blüten (Staubgefäße und richtige Samen) durch Samenstaub vermehren. Dabei kehren sie sich sogar von der Sonne ab nach unten, statt sich wie Blütenpflanzen nach oben zu wenden.

*Fremdländische Farnkräuter*

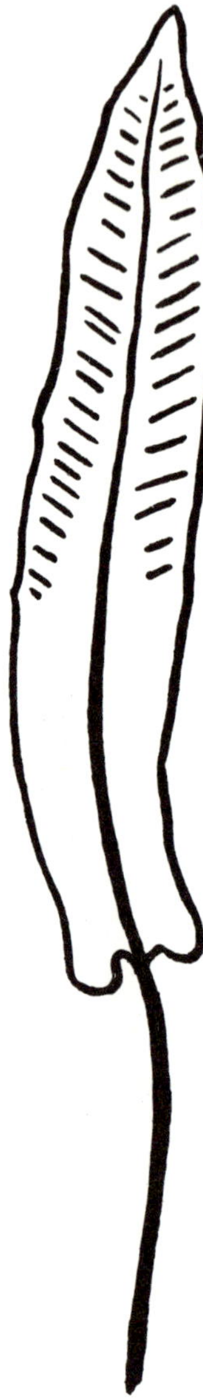

*Ein Wedel vom Hirschzungenfarn*

*Dieses Farnkraut, das bei uns außer im Rheinlande sehr selten ist, macht insofern eine Ausnahme, als es, wie auf dem Bilde zu sehen ist, keine zusammengesetzten, sondern einfache Wedel hat, welche sich aber ebenfalls in jedem Frühjahr aus Schneckchen herauswickeln. Also ist das Blatt trotz seiner Einfachheit doch ein richtiges Farnblatt.*

*Die Striche auf der Blattfläche — es ist wiederum die Blattunterseite — sind nichts anderes als diejenigen Stellen, wo der Samenstaub gebildet und ausgestreut wird. Also entsteht er hier nicht, wie z. B. beim Adlerfarn, an den Blatträndern.*

*Ein Hirschzungenfarn hat natürlich mehrere, gewöhnlich sogar viele Wedel, welche zusammen oft einen schönen Trichter bilden. Die Pflanze gedeiht am liebsten an feuchten, schattigen Stellen, in steinigen Wäldern oder auch an Mauern und Brunnen.*

So wie man sich, wenn man etwas erreicht hat, gerne daran erinnert, wie es früher einmal war, so erinnern sich die Farnkräuter an die frühere Algenstufe. Ihre Erinnerung ist der Farn-Vorkeim. Nur ist die Erinnerung schon ganz klein geworden, wie wenn man etwas schon bald vergessen hat. Trotzdem können Farnkräuter — wenn sie nämlich auf ihre großen Blätter deuten — von sich sagen: Wir sind eben doch schon richtige Pflanzen.

## *Von besonderen Farnkräutern*

Wer die Farnkräuter so anschaut, wie sie im vorhergehenden Abschnitt beschrieben worden sind, der wird sich sagen müssen, daß sie zwischen den niederen Gewächsen und den höheren Pflanzen, den Blütenpflanzen, genau in der Mitte stehen. Es reicht ihnen gerade bis zu den grünen Blättern, die sie allerdings besonders schön ausbilden. Dann ist ihre Entwicklung zu Ende, und was weiter kommen würde, die Blüte nämlich mit allem, was dazugehört, das müssen sie denjenigen Pflanzen überlassen, welche nicht mehr auf der Farnstufe stehen, sondern eben auf der Stufe der Blütenpflanzen.

Wenn man nun etwas sehr gerne auch können möchte, was andere können, so strengt man sich mächtig an, es doch wenigstens nachzuahmen. So ist es auch mit manchen Farnkräutern. Weil die Blütenpflanzen für ihren Blütenstaub und ihre Samen besondere Pflanzenteile haben, möchten sie ihren Samenstaub auch nicht mehr einfach mit den grünen Blättern erzeugen. Natürlich gelingt es ihnen nicht, so schöne zarte und duftigfarbige Blätter zustande zu bringen wie Blütenblätter, aber sie versuchen doch wenigstens, einen Unterschied zu machen zwischen grünen Blättern und anderen Blättern, welche dann nur für den Samenstaub da sind. Das gelingt ihnen auch wirklich.

Ein Beispiel ist der in unseren Wäldern häufig vorkommende Rippenfarn. Er hat seinen Namen daher, daß seine langen und schmalen Wedel gerippt sind. Genau wie die anderen Trichterfarne, so bildet auch der Rippenfarn zunächst einmal einen schönen grünen Blatttrichter. Später aber wachsen aus der Mitte des Trichters wieder andere junge Wedel hervor. Sie stehen aufrecht und werden auch länger als die vorherigen sind. Auf den ersten Blick sehen sie aus, als ob sie verdorren wollten. Das tun sie aber nicht, es sieht eben nur so aus, weil die Ränder eingerollt sind. Betrachtet man sich solch einen aufrechtstehenden Wedel genauer, so bemerkt man gleich, welche Bewandtnis es mit ihm hat. Er ist nämlich auf der Unterseite über und über braun von Samenstaub. Die anderen, die grünen Wedel dagegen erzeugen keinen Samenstaub. Deshalb nennt

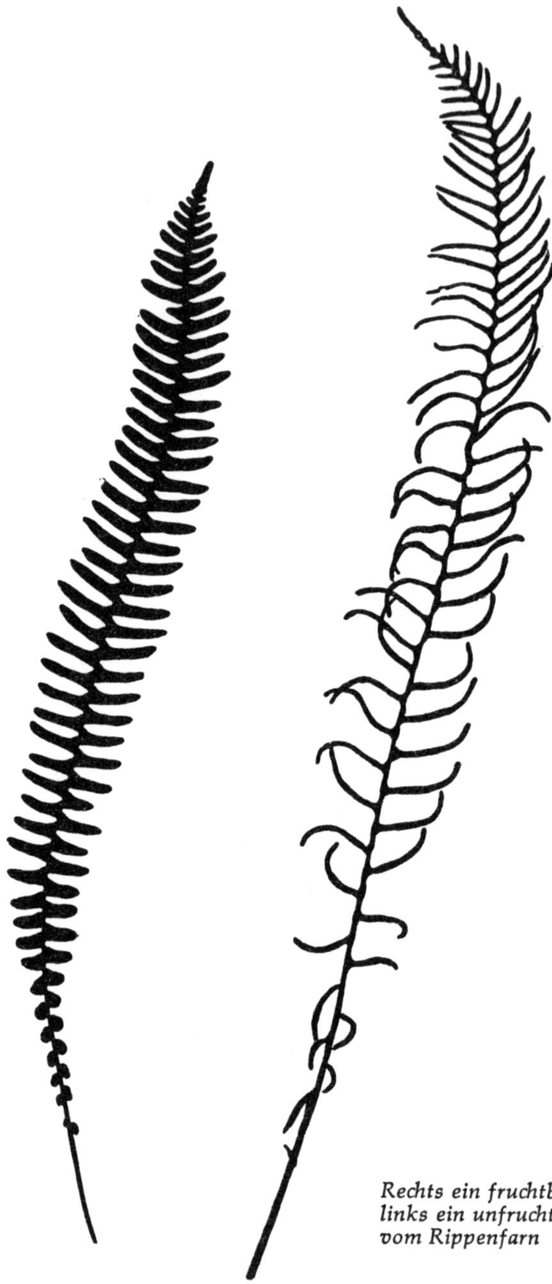

*Rechts ein fruchtbarer,
links ein unfruchtbarer Wedel
vom Rippenfarn*

man die grünen die unfruchtbaren Wedel, und die aufrechtstehenden heißen fruchtbare Wedel.

Der Rippenfarn möchte wohl eine Blumenkrone und auch Staubgefäße haben, und so ahmt er denn mit seinen grünen, unfruchtbaren Blättern eine Blumenkrone wenigstens nach, und mit seinen fruchtbaren Wedeln in der Mitte des Trichters macht er es so ähnlich wie die Blütenpflanzen mit ihren Staubgefäßen. Mehr aber kann er nicht zustande bringen, und so muß er schließlich doch im Kraute steckenbleiben.

Außer dem Rippenfarn gibt es aber noch andere Farnarten, die es ebenso machen. Beim Straußfarn, der wegen seiner Schönheit zuweilen in Gärten angepflanzt wird, sehen die fruchtbaren Wedel ähnlich wie Straußenfedern aus.

Besonders drollig aber machen es die beiden kleinen Farnkräuter, die überhaupt nur ein einziges Blatt haben, die Natterzunge und die Mondraute. Da sie nur ein Blatt haben, können sie natürlich auch nicht zweierlei verschiedene Blätter bilden. Es bleibt ihnen also gar nichts weiter übrig, als ihr Blatt einfach in zwei Teile zu teilen. Die untere Hälfte lassen sie so, wie sie ist, die obere dagegen wandeln sie um und verwenden sie ganz allein für den Samenstaub. Es sieht dann zwar so aus, als ob es zwei verschiedene Blätter wären, in Wirklichkeit sind es aber nur zwei verschiedene Blatteile.

*Farnkraut mit „Blütenständen". Die Mondraute ist ein besonderes Farnkraut. Sie ahmt, obwohl die ganze Pflanze nur aus einem einzigen Blatte besteht, eine Blütenpflanze nach. Was auf dem Bilde wie ein Samenstand aussieht, ist in Wirklichkeit die aufgerichtete, zum Samenstaubträger umgewandelte obere Hälfte des einen Blattes.*

Die Naturforscher, welche die Versteinerungen urweltlicher Pflanzen genau untersucht haben, konnten feststellen, daß die Farnkräuter in Urweltzeiten viel größer und auch viel zahlreicher waren als unsere heutigen. Unsere heutigen Blütenpflanzen waren damals noch gar nicht entstanden, und die Farnstufe war die höchste des Pflanzenreiches. Nicht nur mächtiger an Wuchs und vielgestaltiger in ihren Formen waren damals die Farngewächse, sie waren auch vollkommener. Viele entwickelten sich zu sehr hohen Baumfarnen, andere wanden sich wie Lianen von Baum zu Baum. Wieder andere kamen gar nicht bis auf den Erdboden herunter und wuchsen oben im Bereich der Kronen. Heute gibt es nur in den Urwäldern der heißen Zonen noch solch üppiges Farnkrautwachstum.

Wir nennen diejenige Erdenzeit, in welcher die Farngewächse die am höchsten stehenden und fast die einzigen Pflanzen auf der Erde waren, die Steinkohlenzeit, weil durch das üppige Wachstum die Steinkohle entstanden ist.

## *Vom Ackerschachtelhalm und seinen Verwandten*

Auf sandig-lehmigen Äckern, aber auch an Straßenrändern, auf Bauplätzen und Bahndämmen machen sich oft die Schachtelhalme breit. Sie sehen wie kleine Tannenbäumchen aus mit ihren grasgrünen Gerippen. Das Merkwürdigste an ihnen ist, daß sie keine Blätter haben, denn sie sind aus lauter Stengelteilen zusammengesetzt. Deshalb kann man ihnen auch zunächst nicht ansehen, wie nahe verwandt sie den Farnkräutern sind und daß sie selbst zu den Farngewächsen gehören. Eine vollständige Pflanze würde dann herauskommen, wenn man die Blätter der Farnkräuter nehmen könnte und sie an die Stengelteile der Schachtelhalme ansetzte.

Wieder einmal sieht man also, daß die Pflanzen der Farnstufe eben noch nicht die Kraft in sich haben, richtige Pflanzen zu sein, denn die Sonne macht zunächst zwei verschiedene Pflanzenarten aus ihnen. Die einen sind die Farnkräuter. Denen gibt die Sonne die schönen Blätter, während die Schachtelhalme nur die Stengelteile haben. Es kommt in der Natur manchmal vor, daß erst zwei Pflanzen zusammen eine vollständige Pflanze ergeben.

Aber die Schachtelhalme sind in ihrer Art doch wunderbar zierlich gebildet. Sowohl die Stengelteile als auch die Seitenäste sind fein gegliedert. Sie bestehen aus lauter kurzen Stückchen, die kunstvoll ineinandergeschachtelt sind, so daß man sie auseinanderzupfen kann. Daher der Name Schachtelhalm! Nimmt man die Seitenäste in die Hand, so kommen sie einem fast wie Insektenfühler oder wie die langen Spinnenbeine vor, die ja auch so gegliedert sind, und läßt man sie durch die Finger gleiten, so spürt man, wie spröde sie sind. Das kommt daher, daß ein feines Kieselgerüst, ein zarter Glaspanzer darinnen enthalten ist. Es raschelt ordentlich, wenn man Schachtelhalme schüttelt. Früher wurden die Schachtelhalme zum Putzen der Zinngeräte verwendet und Zinnkraut genannt, weil sie so glasig sind. Außerdem hängt es mit dem reichen Kieselgehalt zusammen, daß der Schachtelhalmtee ein so gutes Heilmittel ist.

Nun kann man aber an den grünen Schachtelhalmen nicht das Geringste entdecken, das einem sagen könnte, wie sie den Samenstaub bilden, und wenn die Schachtelhalme Farngewächse sind, so müssen sie doch Samenstaub bilden. Da steckt ein Geheimnis dahinter, das man aber erst herauskriegt, wenn man nicht die grünen Halme allein betrachtet, sondern auch den Ort, wo sie wachsen. Er ist nämlich ein recht vornehmes Wesen, dieser Schachtelhalm! Er gefällt sich sehr wohl, weil er ein so schlankes Bäumchen ist und möchte sich nicht gerne durch den Samenstaub verunzieren lassen. „Diese Teile, die den Samenstaub erzeugen, die sollen nur für sich allein stehen", so sagt er sich. Und so läßt er denn, schon bevor seine grünen Halme sprießen, andere, nichtgrüne Halme aus seinen langgestreckten unterirdischen Stengelteilchen hervorwachsen. Man findet sie ganz zeitig im Frühjahr, oft schon im März, an denselben Stellen, wo später die grünen Bäumchen stehen. Wer es nicht weiß, daß diese fruchtbaren Triebe mit den grünen Halmen zusammengehören, der erkennt sie nicht

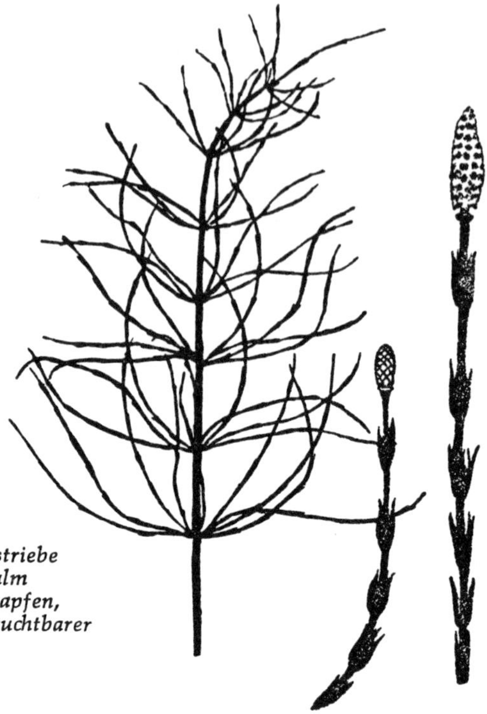

*Rechts zwei Frühlingstriebe vom Ackerschachtelhalm mit den Samenstaubzapfen, links ein grüner, unfruchtbarer Halm*

sofort. Sie sehen ja auch bräunlich aus. Aber sie sind genau so zusammengeschachtelt wie die grünen Halme. Oben an der Spitze steht ein kleiner Zapfen, fast wie ein kleiner Tannenzapfen. Es sind aber keine Schuppen daran wie an einem Tannenzapfen, sondern lauter winzig kleine Pilze. Von außen sieht man nur viele regelmäßige Sechsecke, genau wie Bienenwaben, biegt man aber den Zapfen etwas um, so erkennt man auch die kurzen Stielchen der sechseckigen Pilzhütchen, und wo bei den Pilzen das Futter ist, da hängen beim Schachtelhalm zwölf weiße Beutelchen herunter. Das sind die Samenstaubbeutelchen.

So macht es also der Schachtelhalm, wenn er die Samenstaub erzeugenden Teile los sein möchte. Er will eben mit dem Pilzigen einfach nichts zu tun haben. Das ist ihm zu erdig-plump. Da schafft er es sich vom Halse — genauso, wie es die Farnkräuter mit der Algenstufe tun — und versetzt es auf einen besonderen, auf den fruchtbaren Halm. Dafür kann er dann seine grünen, unfruchtbaren Halme ungestört der Sonne hingeben. Die Sonne verleiht ihm die schöne Gliederung und läßt ihn nach allen Seiten ausstrahlen, als ob er selbst die Sonne in sich hätte. Nur schade, daß der

Schachtelhalm eben doch nur ein Farngewächs ist! So nützt es ihm nicht viel, wenn er das Pilzige aus sich heraussetzt, denn zu einer Blütenpflanze bringt er es ja doch nicht, und mögen seine Halme auch noch so schöne Bäumchen vorstellen.

So wie der Ackerschachtelhalm macht es auch der Riesenschachtelhalm, dessen grüne, unfruchtbare Triebe in manchen Gegenden richtige kleine Wälder bilden, die über einen Meter hoch werden, besonders an feuchten, sumpfigen Stellen. Seine Frühlingstriebe sind kurz und dick und ähneln Pilzen noch viel mehr als die dünnen Frühlingstriebe vom Ackerschachtelhalm. Andere Schachtelhalmarten wieder vereinfachen die Sache. Sie bilden zunächst einen grünen Stengel und setzen dann ihre Samenstaubzäpfchen oben auf die Spitze. So macht es z. B. der Waldschachtelhalm. Da stecken beide Halme, der fruchtbare und der unfruchtbare, ineinander darinnen, und erst wenn das Samenstaubzäpfchen verwelkt, sprießen die grünen ausstrahlenden Seitenäste aus dem Stengel hervor. So sind der fruchtbare und der unfruchtbare Halm doch wenigstens in der Zeit voneinander getrennt.

Im seichten Wasser von Teichen, Gräben und Tümpeln kann man manchmal Dickichte von Schachtelhalmen finden, die keine Seitenäste haben. Man hält sie zuerst für Schilfrohr, besonders dann, wenn sie sehr hoch wachsen. Weil sie so hart und spröde sind, haben sie auch Ähnlichkeit mit dünnem Bambusrohr.

Unter den Versteinerungen der Steinkohlenzeit kommen auch viele Abdrücke von Schachtelhalmen vor. Aber diese urweltlichen Schachtelhalmarten müssen sehr viel mächtiger gewesen sein, selbst als unser Riesenschachtelhalm. Die Naturforscher haben herausgefunden, daß sie so groß wie Bäume waren und dicke Stämme, richtige Baumstämme hatten. Wie klein und unscheinbar einem da unsere Schachtelhalme vorkommen! Aber so ändert sich das Leben der Erde. Wenn etwas Neues entsteht, wie z. B. die Blütenpflanzen, muß das Alte abnehmen oder ganz verschwinden.

## *Die Weißtanne und die Rottanne*

Beide Bäume sind uns als Waldbäume wohlbekannt, besonders der Gebirge. Die Rinde der Rottanne, auch Fichte genannt, ist im Gegensatz zur silbergrauen, glatten Rinde der Weißtanne rötlichbraun getönt und rauh. So erklärt sich die Verschiedenheit der Namen.

Wenn man in einen Tannenwald eintritt, wird man ganz feierlich gestimmt. Man fühlt sich von einer großen Ruhe umgeben und kann gar nicht anders, als sich vorzustellen, daß dieser Wald schon ewig dagewesen ist, so alt kommt er einem vor. Das Rauschen der Tannenwälder ist der Gesang der Ewigkeit. Geradlinig und gleichmäßig streben die Säulenstämme nach oben. Besonders bei sehr alten Bäumen werden die Stämme zur Hauptsache und treten immer stärker in den Vordergrund. Steht ein Laubbaum im Nadelwalde, so hebt er sich schon durch sein ganz andersartiges Geäste deutlich von seiner Umgebung ab, auch wenn er keine Blätter hat. Er verzweigt und verästelt sich nach oben wie das Blutadernetz im menschlichen Körper, während bei der Tanne *ein* Stamm von der Wurzel bis in die Baumspitze hinaufragt (Langholz). Ihre Äste gehen seitlich ab und sind so ähnlich wie beim Schachtelhalm in Stockwerken angeordnet. Da müssen doch ganz besondere Kräfte in die Erde eingreifen, daß sie solch ebenmäßige Säulenstämme aufrichtet!

Schon wenn man die ganz jungen Bäumchen betrachtet, wie man sie manchmal unter den alten Bäumen findet oder wie sie der Forstmann auf seinen Pflanzbeeten oder in Baumschulen aus Samen zieht, kann man über die Regelmäßigkeit staunen, mit welcher sie gebildet sind. Blickt man von oben darauf, so nimmt man einen Stern wahr, an dessen Strahlen die nächsten Seitenäste wie in Kreuzen stehen. Wie mit dem Zirkel abgemessen macht es die Weißtanne. Besinnt man sich dann, wo man ähnlich regelmäßige Formen schon gesehen hat, dann kommt man auf die Schneeflocken. So ist es also mit den Tannenbäumen, sie ahmen die Sterne nach und wollen ebenso gebildet sein wie Schneeflocken. Sternbäume sind sie, diese Tannenbäume, und zu den Sternen streben auch die glatten Stämme auf.

Von den ruhig am Firmament dahinwandelnden Gestirnen also haben die Tannenbäume ihre große Ruhe und ihre Feierlichkeit. Welch eine Pracht, wenn ein Baum einzeln für sich steht und alle seine Äste nach allen Seiten frei entfalten kann! Die Sonne dagegen, welche Sommer und Winter auf der Erde hervorruft, hat nicht die gleiche Macht über die Tannenbäume wie über die Laubbäume, darum behalten die Tannen auch ihre Nadeln mehrere Jahre lang, sie bleiben im Winter grün und lassen ihre Früchte, die Zapfen nämlich, nicht in einem Jahre reif werden. Die Nadeln sind die Blätter der Tannenbäume. Aber diese Blätter sind umgewandelt. Nur noch die Mittelrippen sind übriggeblieben, weil die Blattfläche zusammengezogen ist. Die Nadelblätter sollen sich eben nicht so am Sonnenlichte ausbreiten wie bei den Laubbäumen.

Zunächst kann man gar nicht glauben, daß die Tannenbäume zu den Blütenpflanzen gehören, weil sie keine Blumen haben. Ebensowenig wie grüne Laubblätter entfalten sie Blumenblätter. Sie setzen, wenn sie blühen und fruchten wollen, einfach noch einmal kleine Bäumchen auf ihre Äste darauf, denn jeder Zapfen ist nichts anderes als ein kleines Bäumchen mit einem Stämmchen, der Spindel, mitten darinnen. Darum herum sind die Schuppen in wunderbaren Schrägzeilen, fast wie Fischschuppen, angeordnet. So einfach machen es sich die Tannenbäume, und so langsam entwickeln sie sich, daß sie nicht einmal dazu kommen, ihre Samen in einen Stengel oder in Samenkapseln hineinzutun. Sie legen sie einfach auf die Schuppen ihrer Zapfen darauf, immer zwei nebeneinander. Diese Samen sind geflügelt. Nimmt man einen Fichtenzweig, der Zapfen hat, mit nach Hause und legt ihn für einige Tage in ein geheiztes Zimmer, so trocknet er aus, und die Schuppen spreizen sich. Hebt man ihn dann hoch und schüttelt ihn, so kann man ein gar lustiges Spiel beobachten, denn unter den Schuppen wirbeln Hunderte geflügelter Samen hervor, wie Käfer oder Heuschrecken. Das wissen denn auch die Eichhörnchen, daß da unter den Schuppen fette Samen stecken. Sie halten die Zapfen zwischen ihren Vorderpfötchen fest und reißen die Schuppen ab, eine nach der andern, bis nur noch die Spindel übrig ist. Die werfen sie dann vom Baume herunter. Die Kreuzschnäbel dagegen biegen die Schuppen mit ihren Hakenschnäbeln auseinander und zerzausen sie. So finden diese Vögel ihre Nahrung bei den Tannenbäumen, und wie froh sie sind, das hört man, wenn sie in Schwärmen durch die Gebirgswälder streifen.

*Schuppe eines Zapfens der Rottanne. Man sieht die beiden geflügelten Samen darauf liegen.*

Im Frühling, wenn die Zapfen nur wenige Zentimeter groß sind, sehen sie bei der Fichte wundervoll karminrot aus und stehen gleich glühenden Kerzen auf den dunkelgrünen Ästen. Welch ein Anblick! In diesem Zustande muß man die Zapfen als Blüten betrachten. Später ergrünen sie und werden größer und schwerer. Die Fichte hat nicht die Kraft, sie aufrecht zu halten und läßt sie umkippen und nach unten hängen. Die Samen fallen heraus, solange die Zapfen noch an den Bäumen sind. Dann werden die Zapfen abgeworfen. Ganz anders macht es die Weißtanne. Dieser starke und schöne Baum läßt seine großen und schweren Zapfen aufrecht stehen. Nur bekommt man sie seltener zu sehen, weil sie sehr hoch oben sind. Sie werden auch nicht als Ganzes abgeworfen wie bei der Fichte, sondern blättern schon am Baume auseinander. Darum kann man niemals Zapfen der Weißtanne im Walde finden.

So gehen die Blüten der Tannenbäume langsam in Früchte über, einfach indem sie größer werden und verholzen. Bis auf den Wacholder und die Eibe haben alle Nadelbäume holzige Früchte, so verhärtet sind sie. Wer aufmerksam ist, wird feststellen können, daß die Tannen durchaus nicht etwa jedes Jahr gleich stark blühen und fruchten. Es gibt vielmehr ausgesprochene Tannenjahre.

Zu einer Blüte gehören aber auch die Staubgefäße. Die Tannenbäume verlegen sie auf besondere, viel kleinere, gelbliche Zapfen. Man findet diese Staubzapfen oder Staubkätzchen im Frühling in großer Zahl an den Zweigspitzen. Sie erinnern einen wiederum entfernt an die Samenstaubzapfen der Schachtelhalme. Schon wenn man daranklopft, stäuben die Zweige, und wenn der Wind geht, ziehen ganze Wolken von Blütenstaub durch den Wald. Also sind die Tannenbäume Windblütler. In manchen Jahren kann es vorkommen, daß die ganze Gegend von diesem Blütenstaub gelb gepudert ist. Sind die Staubzapfen dann leer, so fallen sie sofort ab und liegen im Walde herum, vertrocknet und gebräunt.

Die Nadelbäume, zu denen die Tannen gehören, sind die ersten Gewächse auf der Stufenleiter des Pflanzenreiches, welche den Blütenstaub und die Samenkörner deutlich unterscheiden. Da sie keinen Samenstaub mehr bilden, müssen sie zu den Blütenpflanzen gerechnet werden. Am besten können sie die Samenbildung; man sollte sie deshalb lieber Samenpflanzen nennen. Die Eibe und der Wacholder haben sogar schon saftige Früchtchen.

Etwas Wichtiges aber darf man nicht vergessen, wenn man an die Tannenbäume denkt, das Harz und das duftende Öl der Nadeln! Verwundet man einen Tannenbaum, so tropft das Harz heraus. An der Luft verhärtet es wie Bernstein. Im Holz wie in der Rinde, ja selbst in den grünen Zapfen ist es vorhanden, kurzum, der ganze Baum ist davon durchdrungen. Das Harz gibt dem Holze seine vorzügliche Brennbarkeit, der Flamme ihre Leuchtkraft. Bei der Weißtanne kommt das Harz nicht im Holze, sondern nur in der Rinde vor, aber andere brennbare Stoffe (Ter-

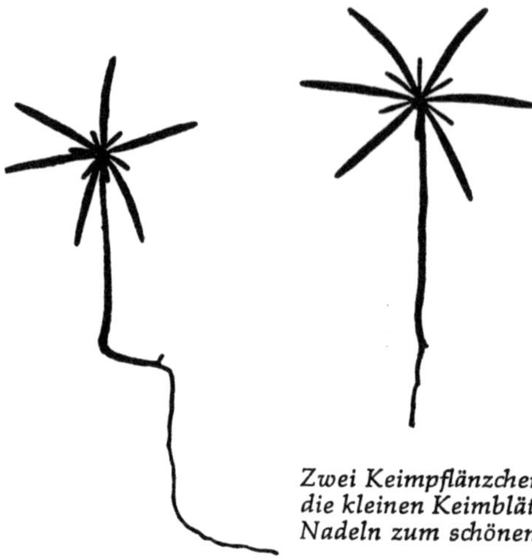

*Zwei Keimpflänzchen der Weißtanne. Hier sind die kleinen Keimblättchen ebenso wie die ersten Nadeln zum schönen Sechsstern angeordnet.*

pentin) sind im Holze vorhanden. Zusammen mit dem leichtflüchtigen Nadelöl verleiht es dem Reisig seinen balsamischen Duft. Besonders, wenn man Reisig ins Feuer wirft, duftet es köstlich.

Ein großes, wunderbares Geheimnis verbirgt sich hinter dem Duft des Harzes und der Würze des flüchtigen Nadelöles. Ist es doch nichts anderes als verwandelter Blütenduft, den wir da wahrnehmen, und die Leuchtkraft der Flamme ist nichts anderes als eine Blume, die im Innern des Baumes festgehalten war und nun herauslodert! Wir haben ja gesehen, daß die Tannenbäume bei all ihrer Schönheit und ihrer Erhabenheit doch sehr langsam sind, langsam wie der Sternenlauf. So kann es ihnen nicht gelingen, farbige Kronen und duftende Blüten hervorzutreiben. Ehe sie soweit kommen, sind sie schon der Verholzung anheimgefallen, und die Blütenstoffe bleiben im Holze, in der Rinde und in den Nadeln darinnen stecken. Man kann sie nicht mit Augen sehen, diese verzauberten Blüten, und will man sie trotzdem sichtbar machen, so muß man das Holz oder das Reisig anzünden. Eine helleuchtende Flamme also ist die Blume der Nadelbäume. So stehen sie vor uns, diese Zauberwesen, und niemand kann sie verstehen, der nicht ihr Geheimnis kennt.

Stummer, schweigsamer Tannenwald, wie lieben, wie verehren wir dich, denn du zeigst uns, wie Himmelsgeheimnisse, im Inneren verborgen, doch stark und rein sein können!

## *Der Weihnachtsbaum, ein leuchtender, blühender und fruchtender Nadelbaum*

Ein Nadelbaum spielt im Leben eines jeden Kindes einmal im Jahre eine ganz besondere Rolle — als Weihnachtsbaum. Da wird er liebevoll herausgeputzt, mit Lichtern besteckt, Äpfel und Nüsse werden darangehängt, und auch sonst wird er mit Gold und Silber so schön wie möglich verziert. Wieviel Sorgfalt wird nicht darauf verwendet, und wieviel Seligkeit geht von ihm aus, wenn die Lichter angezündet werden!

Fragen wir uns aber einmal, warum denn das alles eigentlich so gemacht wird! Warum muß es gerade ein Nadelbaum, gleichgültig ob Weißtanne oder Fichte, sein? Aus unseren bisherigen Betrachtungen heraus läßt es sich sehr gut verstehen. Daß es ein Baum sein muß, der auch im Winter grüne Blätter hat, ist selbstverständlich; aber wir lassen diesen Baum mitten im Winter sogar erblühen, nämlich indem wir Kerzen darauf setzen. Ja, die Flamme der Kerzen ist die Blüte der Nadelbäume!

Denken wir dann daran, daß der Tannenbaum ein solcher Baum ist, der auch im Sommer keine Blüten trägt — keine solchen nämlich wie z. B. Apfelbäume —, so erscheinen uns die aufgesteckten Lichter erst recht bedeutungsvoll. Was mitten in der Tiefwinterszeit so herrlich erblüht, das verkündigt uns natürlich das große, helle Seelenlicht, welches durch die Geburt des Jesuskindes in die Welt gekommen ist. Der Christbaum soll uns zeigen, daß alles erlöst werden und aufleuchten kann, wie die in die Nadeln des Baumes hineingebannten Blüten. Sie können noch nicht herauskommen, nur durch den Duft des Harzes verraten sie sich. Durch die aufgesteckten Kerzen werden sie wenigstens im Sinnbild erlöst.

In manchen Häusern ist es auch Brauch, noch rote Rosen an den Weihnachtsbaum zu stecken. Es können ja Papierrosen sein, darauf kommt es nicht an.

Es ist klar, daß ein solcher Baum dann auch Früchte tragen kann. Vorher konnten es die Tannenbäume nicht, jetzt aber können sie es. Darum hängen wir Äpfel an die Zweige, daß sie sich fast biegen, und auch Nüsse. Zum Zeichen aber, daß es himmlische Früchte sind, müssen die Nüsse vergoldet werden. Natürlich kann man auch Lebkuchen und andere köstliche

Dinge an den Christbaum hängen, denn die sind ja auch so ähnlich wie Früchte. Man kann sie ja essen. Gold und Silber an den Zweigen macht alles erst recht festlich und feierlich. So lassen wir den Nadelbaum zur Weihnachtszeit leuchten, blühen und fruchten.

### *Der Weihnachtsbaum*

Es war einmal ein Tännelein,
mit braunen Kuchenherzlein
und Glitzergold und Äpflein fein
und vielen bunten Kerzlein:
Das war am Weihnachtsfest so grün,
als fing es eben an zu blühn.

Doch nach nicht gar zu langer Zeit,
da stand's im Garten unten,
und seine ganze Herrlichkeit
war, ach, dahingeschwunden.
Die grünen Nadeln war'n verdorrt,
die Herzlein und die Kerzlein fort.

Bis eines Tags der Gärtner kam
den fror zu Haus im Dunkeln,
und es in seinen Ofen nahm –
hei! tat's da sprühn und funkeln!
Und flammte jubelnd himmelwärts
in hundert Flämmlein an Gottes Herz.

CHRISTIAN MORGENSTERN

## *Zusammenfassende Übersicht unserer Nadelbäume*

Die *Weißtanne* (Edeltanne) hat dunkelgrün glänzende Nadeln, die in eine ebene Fläche gestellt sind. Auf der Unterseite jeder Nadel ziehen sich zwei weiße Längsstreifen hin, wodurch die Zweige von der Rückseite her graugrün erscheinen. Die dicken Zapfen bleiben aufrecht stehen und blättern noch am Baume auseinander. Die Weißtanne hat eine über meterlange Pfahlwurzel. Alte Bäume erkennt man schon von ferne daran, daß sie — im Gegensatz zur Fichte — ihre untersten Äste abgeworfen haben. Die Baumspitze hat ihr Wachstum eingestellt, und die obersten Äste sind vergrößert und aufgerichtet. So bilden sie zusammen den „Adlerhorst". Bis eine Weißtanne ausgewachsen ist, braucht sie etwa 200 Jahre. Von da an wächst nur noch der Stamm in die Dicke. Er kann bis 2 Meter Durchmesser erreichen.

Die *Fichte* oder Rottanne ist unser wichtigster Gebirgswaldbaum. Sie behält ihre pyramidenförmig zugespitzte Form bis ins hohe Alter. Einzeln stehende Bäume reichen mit ihren untersten Ästen bis auf den Erdboden herunter. Eine Fichte braucht über 100 Jahre, bis sie ausgewachsen ist. Ihre Wurzeln streichen flach im Boden hin. Deshalb reißen vom Sturme entwurzelte Fichten flache Erdscheiben mit sich heraus. Eine Pfahlwurzel gibt es nicht. Die Nadeln stehen nicht streng zweizeilig, sondern sind oft rund um die Zweige herum angeordnet. Fichtenzapfen blühen herrlich purpurrot. Mit der Reife kippen sie um, hängen nach unten und werden als Ganzes abgeworfen.

Die *Kiefer*, Forche oder Föhre, hat besonders lange, zu zweien gebüschelte Nadeln. Sie ist der hauptsächlichste Waldbaum des Flachlandes. Auch im trockenen Sande vermag sie fortzukommen, da sie mit ihrer Pfahlwurzel bis zum Grundwasser hinabreicht. Im Waldbestande bildet die Kiefer schirmförmige Kronen und kahle Stämme. Steht sie frei, so kann sie auch anders aussehen und sich so ähnlich wie manche Laubbäume verzweigen. Ihre Zapfen sind kurz und gedrungen mit keilförmigen, stark holzigen Schuppen. Die Zapfen reifen erst im dritten Jahre nach der Blütezeit.

In Mooren kommt die Moorkiefer vor, deren Äste sich zuweilen schlangenartig am Boden hinwinden. Auch die Berg- oder Latschenkiefer des Hochgebirges (Zwergkiefer, Legeföhre, Krumm- oder Knieholz) hat liegende Äste, die sich erst an der Spitze aufrichten. Die Arve oder Zirbelkiefer, ebenfalls ein Hochgebirgsbaum, hat einen dicken, aufrechten Stamm. Ihre schönen, langen Nadeln sind zu fünf gebüschelt. Die Samen sind nicht geflügelt und werden als „Zirbelnüsse" gegessen. Wegen ihrer Schönheit werden auch fremdländische Kiefernarten bei uns angepflanzt, so z. B. die Weymouthskiefer. Aus Kiefern wird Terpentin sowie Geigenharz gewonnen.

Der lieblichste unserer Nadelbäume ist die *Lärche*. Sie wirft im Herbste ihre weichen, lichtgrünen Nadeln ab. Man könnte sie die Birke unter den Nadelbäumen nennen. Trotz ihrer Zartheit steigt sie bis hoch in die Gebirge hinauf, wo man den hochstämmigen, lichtbedürftigen Baum oft kleine Bestände bilden sieht. Ein besonders schöner Anblick ist es, wenn im Frühling zwischen den jungen, hellgrünen Nadelbüschen die purpurroten Blütenzapfen stehen. Aus Lärchenharz wird das beste Terpentin und sogar ein Heilmittel bereitet.

Die *Eibe* hat breite und weiche Nadeln, die oben dunkelgrün und unten hellgrün aussehen. Die Rinde der Eibe blättert ähnlich ab wie bei den Platanen. Der Baum hat keine Zapfen, sondern rote, beerenartige Becherfrüchte mit einem Stein in der Mitte. Hohe Eiben sind sehr selten, weil ihr Wachstum sehr langsam ist. Auch Gehölze, von Eiben gebildet, gehören zu den Seltenheiten. Dagegen war in früheren Zeiten die Eibe sehr verbreitet. Sie bildete das Unterholz der Wälder, denn sie liebt den Schatten. Bei unseren Vorfahren stand sie in hohem Ansehen. Der Markt der Götterstadt Asgard soll mit Eiben bepflanzt gewesen sein. Heute sind die Eiben im Aussterben begriffen. Nur wenige alte Bäume legen Zeugnis ab von der ehemaligen Pracht. Das Alter einiger wird auf ein- bis zweitausend Jahre geschätzt. Eiben können über zehn Meter hoch werden und bis zu drei Meter Stammumfang erreichen. Heute findet man die Eibe gewöhnlich nur noch als Strauch. Die roten, schleimigen Früchte sind nicht giftig, aber die Nadeln sind manchen Tieren sehr schädlich, wie z. B. Pferden, Schafen und Ziegen, während sie das Wild unbeschadet abweidet. Die Eibe nimmt auch dadurch eine Sonderstellung unter den

Nadelbäumen ein, daß sie kein Harz hat und zweihäusig ist. Wer darauf achtet, der kann feststellen, daß die Eiben mit Staubkätzchen einen schlankeren Wuchs haben als diejenigen mit Früchten.

Auch der *Wacholder* hat keine gewöhnlichen Zapfen, sondern blaubereifte Beeren, denen man aber ansieht, daß sie nur fleischig gewordene Zapfen sind (Beerenzapfen). Ihr Geschmack ist sehr würzig. Der Wacholder wächst meist strauchig und einzelstehend. Sein Stamm verzweigt und verästelt sich direkt über der Erde; die Nadeln, hart und stechend, bilden undurchdringliche Gewirre. Manche fremdländischen Wacholderarten, die ihre Kronen flach über der Erde wie Schirme ausbreiten, werden als Ziersträucher angepflanzt.

Auch die Zedern und die Zypressen der südlicheren Länder sowie die Lebensbäume, die man oft auf Friedhöfen findet, gehören zu den Nadelbäumen. Der Lebensbaum hat zwar keine Nadeln, sondern kurze Blattschuppen, aber die zahlreichen kleinen, verholzenden Zäpfchen beweisen seine Zugehörigkeit zu den Nadelbäumen. Die Zweige duften richtig blumig, wenn man sie zerreibt.

## *Die Weide*

Weiden gedeihen besonders gern an Bachufern, Flußläufen, Teichrändern und wo sonst noch viel Feuchtigkeit im Boden ist. Sie wachsen rasch, sind dafür aber auch nicht so markig und stark wie Buchen und Eichen und erreichen kein hohes Alter. An den Weiden kann man besonders gut erkennen, daß Baumstämme ausgestülpte Erde sind. Sie zerbröckeln und vermodern leicht, so daß sie hohl werden. Dann kann man die morschen Schichten mit der Hand herauskratzen. Nur unter der Rinde bleibt das Holz frisch und lebendig, auch wenn der Stamm innen bereits zerfallen ist. Weidenholz ist sehr weich, außer zum Heizen ist es nicht viel nütze, und es leben auch besonders viele Insektenlarven darin, die es zerstören, wie z. B. die fetten Weidenbohrer.

Man braucht im Frühling nur abgeschnittene Weidenzweige in die Erde zu stecken, so bekommen sie Wurzeln und Blätter, und nach einigen Jahren sind neue Weidenbüsche daraus entstanden; ja selbst in einem Wassergefäß bewurzeln sich die Weidenzweige. Die Korbweiden mit den schmalen, weißfilzigen Blättern werden in besonders nassen Boden gesteckt, denn sie sollen ja die langen, schlanken Ruten treiben. Alle zwei bis vier Jahre können sie geschnitten werden. Weil sie weich und biegsam

*Blätter verschiedener Weidenarten. Links die Korbweide, rechts die Salweide.*

sind, werden sie zum Körbeflechten, als Faßreifen oder zum Besenbinden verwendet. Sie dürfen aber noch keine Seitenzweige haben, denn sonst brechen sie. Werden die Weiden oft beschnitten, dann verdickt sich allmählich das obere Stammende. So entstehen Kopfweiden, die also keine natürliche, sondern eine vom Menschen hervorgerufene Baumform sind. Welch gespenstiger Eindruck, wenn sie abends im Nebel auftauchen! Da glaubt man den Erlkönig mit seinem Gefolge zu erblicken.

Die Blätter der Weiden sind recht einfach, und doch ist man erstaunt, wieviel verschiedene Arten es gibt, wenn man welche sammelt und miteinander vergleicht. Lang und schmal sind die Blätter der Korbweide, breit und eiförmig diejenigen der Salweide, und dazwischen stehen alle nur möglichen Übergänge, große und kleine. Auch die Zweige der einzelnen Weidenarten unterscheiden sich gar sehr voneinander. Manche sind dünn und schwankend wie bei der Trauerweide, andere sind stärker und dicker wie bei der Salweide, einige haben rote Rinde, andere gelbe, und wieder andere sehen einfach grün aus. So ist es auch mit den Kätzchen, die im Frühling hervorbrechen. Große und ganz kleine, länglich-schmale und kurz und gedrungene kann man finden. Jede Weidenart hat eben ihr ganz besonderes Wesen. Weil das Wasser mit den Weiden spielt, darum gibt es so viele verschiedene. Die Botaniker haben allein über 30 einheimische Arten aufgestellt. Am Schlusse dieses Buches wird noch mancherlei über die wichtige Rolle der Weiden jenseits des Polarkreises zu sagen sein.

Sobald die Sonne wärmer scheint, brechen die Seidenkätzchen hervor. Sie brauchen ja nicht erst zu wachsen, sondern strecken sich nur ein wenig, so daß ihnen die harte, braune Schuppe, unter welcher sie im Winter gesteckt haben, zu eng wird. Als erste Frühlingszeichen leuchten und gleißen sie dann zur Freude der hoffenden Menschen.

Diese Kätzchen sind die Blüten der Weiden. In mancher Hinsicht kann man sie noch mit Tannenzapfen vergleichen, nicht etwa wegen ihres Aussehens — da sind sie ganz anders —, wohl aber wegen ihres Aufbaues. Auch jedes Weidenkätzchen hat nämlich ein kleines Stämmchen in der Mitte und Blättchen darum herum. Nur sind es bei der Weide keine Zapfenschuppen, sondern richtige, ganz kleine Blütenblättchen von schwärzlicher Färbung. Wer ein Kätzchen auseinanderbricht, der kann sie deutlich sehen und erfährt auch gleichzeitig, wie das Seidenkleid der Weidenkätzchen entsteht. Die Blättchen tragen nämlich lange, feine Wimperhärchen an den Rändern. Die sind es eben, die das wunderliche Pelzchen zusammen ausmachen.

Aber auch Staubgefäße und Stempel haben die Weidenkätzchen. Erst wenn die Kätzchen schon einige Wochen zu sehen waren, brechen diese eigentlichen Blütenteile durch. Da aber die Weide eine zweihäusige Pflanze ist, sind Staubgefäße und Stempel auf verschiedene Büsche verteilt. Es gibt also Weiden mit Kätzchen, welche nur Staubgefäße enthalten, und andere nur mit Stempeln und ohne Staubgefäße. Die Staubkätzchen erkennt man am weithin leuchtenden Gelb der Staubbeutelchen, die Stempelkätzchen dagegen sehen unscheinbar grün aus. Wiederum wird man an Tannenzapfen erinnert, wenn man die wohlgeordneten Schrägzeilen der zahlreichen Staubgefäße und Stempel entdeckt. Das kommt natürlich von der regelmäßigen Ordnung der Blütenblättchen her.

*Weidenkätzchen*

Kätzchen ihr der Weide
wie aus grauer Seide,
wie aus grauem Samt!
O ihr Silberkätzchen,
sagt mir doch, ihr Schätzchen,
sagt, woher ihr stammt.

„Wollens gern dir sagen:
Wir sind ausgeschlagen
aus dem Weidenbaum,
haben winterüber
drin geschlafen, Lieber,
in tieftiefem Traum."

In dem dürren Baume
in tieftiefem Traume
habt geschlafen ihr?
In dem Holz, dem harten,
war, ihr weichen, zarten,
euer Nachtquartier?

„Mußt dich recht besinnen:
Was da träumte drinnen,
waren wir noch nicht,
wie wir jetzt im Kleide
blühn von Samt und Seide
hell im Sonnenlicht.

Nur als wie Gedanken
lagen wir im schlanken
grauen Baumgeäst;
unsichtbare Geister,
die der Weltbaumeister
dort verweilen läßt.“

Kätzchen ihr der Weide,
wie aus grauer Seide,
wie aus grauem Samt!
O ihr Silberkätzchen,
ja, nun weiß, ihr Schätzchen,
ich, woher ihr stammt.

CHRISTIAN MORGENSTERN

Für die Bienen sind beide Kätzchenarten gleich begehrenswert, denn am Grunde sowohl der Staubfäden als auch der Stempel sind Nektardrüsen. Welch ein Summen und Orgeln in den blühenden Weiden, wenn an warmen Frühlingstagen die Sonne hell herniederscheint! Das sind die

Bienen, die soeben ihre ersten Ausflüge unternehmen. Bei den Weiden finden sie, was sie suchen. Eifrig wühlen sie in den Kätzchen herum, um mit ihren Rüsseln bis zu dem süßen Nektar vorzudringen. Der Blumenduft hat sie angelockt, und nun besuchen sie bald einen Strauch mit Staubkätzchen, bald einen mit Stempelkätzchen. So übertragen sie den klebrigen Blütenstaub auf die Narben der Stempel und vollziehen die Bestäubung, ohne etwas davon zu merken. Der Imker schätzt die Weiden deshalb so hoch und pflanzt sich gerne einige Büsche in die Nähe seines Bienenstandes, weil die Kätzchen die ersten und fast die einzigen Blüten sind, welche die Bienen finden, wenn sie nach der langen Winterruhe nahrungsbedürftig ausfliegen. Wer dürfte da Weidenzweige unbesonnen abreißen!

Nach der Blütezeit fallen die Staubkätzchen ab, denn sie haben ihre Aufgabe erfüllt, die Stempelkätzchen aber entwickeln sich weiter. Sie werden mächtig vergrößert, so daß man die Stempel deutlich sehen kann, während das zarte Pelzchen verschwindet. Aus jedem der vielen Stempel wird eine kleine Samenkapsel. Im Mai platzen die Käpselchen auf, und was herauskommt, das sieht man, wenn der Strauch bereits seine grünen Blätter entfaltet hat. Da scheinen lauter kleine Wollflöckchen an den Zweigen zu hängen. Das sind die Flughaare, mit welchen die Weide ihre Samen ausstattet. Der Wind kommt und weht sie auseinander, denn er ist neben dem Wasser der zweite Helfer der Weidenbüsche. Wo Weiden wachsen, da ist es meistens windig, darum sind die Weidenzweige auch so schmiegsam und biegsam.

*Links eine Stempelblüte, rechts eine Staubblüte der Salweide. Jede Blüte trägt ein Blättchen unter sich. Die zarten Fransen der vielen Blättchen des Kätzchens machen zusammen das samtige Haarkleid aus. Man sieht auch die Nektardrüsen an den kurzen Blütenstielen. In der Mitte eine aufgesprungene Samenkapsel. Die Samen werden vom Winde fortgetragen, weil jedes einen feinen Haarschopf hat.*

Wer das Hochgebirge kennt, der hat auch jene merkwürdigen Zwergweiden gesehen, die da oben vorkommen. Sie können sich nicht aufrichten, sondern lassen ihre Äste und Zweige auf der Erde oder dem Felsgestein dahinkriechen. Weiß man es nicht, so kommt man gar nicht darauf, daß man vor einem Strauche steht, denn man sieht nur niedergedrückte Polster aus vielen Blättchen und dazwischen natürlich auch kleine Kätzchen. Forscht man aber genauer nach, so entdeckt man leicht die versteckten Holzteile, die alle in eine gemeinsame Wurzel und ein ganz kurzes Stämmchen einmünden.

So wenig Aufrichtekraft hat die Erde im Hochgebirge, und so wenig eigene Kraft haben die Weiden in sich selbst, daß sie ihre Äste und Zweige gleich Wurzeln an die Erde schmiegen. Vom Baum bis zum niedergedrückten Zwergstrauch müssen sie sich umwandeln lassen. So wie die Erde es will, so müssen sie sein, anders im Tieflande, anders im Gebirge.

Wer wie eine Weide ist, der kann zwar rasch wachsen, aber es fehlt ihm die eigene Stärke. Bald wird er morsch und hohl.

### *Rätsel*

Erst summt's und brummt's
wie eine Orgel,
dann fliegt das Haar ihm fort.
Zuletzt kommt's in die Stube
und ringt die Hände.
Der Kopf bleibt draußen stehen,
beschneit in Winternächten.

# *Loblied auf die Birke*

Wenn wir die Bäume fragen könnten, welcher den Wind am meisten liebt, und wenn uns der Wind sagen könnte, mit welchem Baume er am liebsten sein Wesen treibt, so käme ganz gewiß die Birke heraus, denn sie ist der Baum des Windes. Gleichermaßen aber gehört sie auch zum Sonnenlichte. Im Schatten kann sie nicht gedeihen, und wenn im Frühling der Wald sich zu belauben beginnt, stehen da die jungen Birken nicht zwischen den dunklen Tannen, als ob sie selbst leuchten würden? Am schönsten ist ihr Maiengrün in der hellen Morgensonne. Da schimmert auch die blendend weiße Rinde des Stammes mit den kohlschwarzen Rissen am Grunde weithin, da prangt die lichte Krone so jugendfrisch, und

bei jedem Windhauch wiegt sie sich so anmutig, daß die dreieckigen Blätter leicht und fröhlich flattern. So gefällt uns die Birke am besten, so wollen wir gern an sie denken. Ein zweites Mal bietet die Birke dann einen herrlichen Anblick, wenn sich im Herbste die Blätter leuchtend gelb färben.

Vergleicht man die Birke mit anderen Bäumen, so fällt einem auf, daß sie keine richtige Krone bildet. Zwar hat sie einen hohen Stamm, aber dann kommen gleich die dünnen, elastischen Zweige. Dazwischen fehlen die starken Äste. Die Birke möchte eben Zweige haben, die im Winde schwanken können, ganz anders als Eichen, Buchen und Eschenbäume. Noch an alten Birken sieht man das Gezweig wie Fahnen herunterhängen.

Aber so furchtbar alt werden die Birken gar nicht. Sie wollen ihre Jugendlichkeit bewahren und werden darum schon brüchig, wenn andere Bäume erst anfangen, ihre stärksten und wuchtigsten Stämme und Äste anzusetzen.

So wie die Birke ihre Zweige vom Winde wiegen läßt, so macht sie es auch mit ihren Kätzchen. Die hängt sie auf, noch bevor die Blätter voll entfaltet sind, denn die Birke ist im Gegensatz zur Weide ein Windblütler. Im blühenden Zustande sieht eine Birke aus, als ob es von ihr herunterregnen würde, so viele Staubkätzchen hängen daran. Der Wind schüttelt und rüttelt an den baumelnden Staubkätzchen herum und weht den Blütenstaub durch die Luft. Die Samenkätzchen sind zur Blütezeit viel kleiner als die Staubkätzchen. Sie stehen zunächst aufrecht an denselben Zweigen. Während des Sommer aber, wenn sie sich vergrößern und allmählich reif werden, kippen sie um und hängen dann an dünnen Stielchen ebenfalls nach unten. Und wieder ist es der Wind, der die Samen im Herbste verbreitet. Also ist die Birke nicht nur ein Windblütler, sondern gleichzeitig ein Windsamer. Solch ein Kätzchen hat unzählige Schüppchen und dazwischen ebenso viele winzige Samen. Jedes Samenkorn hat zwei pergamentene Flügelchen, so daß es fast wie ein sehr kleiner Schmetterling aussieht. Wie leicht sie dahinwirbeln, diese winzigen Birkensamen, wenn die Kätzchen auseinanderblättern! Alles an der Birke ist eben leicht, luftig und beweglich.

*So sehen die Samen der Birke durch ein Vergrößerungsglas aus. Mit ihren pergamentenen Flügelchen und den beiden Narbenfäden erinnern sie einen an winzige Insekten.*

Die Birke ist ein lebensfrischer und urgesunder Baum, so daß man fast niemals Ungeziefer an ihr findet. Und weil sie so gesund ist, darum kann man auch Heilmittel aus ihr bereiten, wie z. B. den Birkenblättertee, der gegen Rheumatismus so gut hilft. Bei manchen Völkern wird man nach dem Bade mit Birkenruten gepeitscht, damit die Haut von den gesundenden Birkenstoffen angeregt werde. Im Monat Mai sendet die Birke einen süßen und wohlschmeckenden Saftstrom von der Wurzel in die Blätterkrone. Bohrt man um diese Zeit ein Loch in die Rinde und steckt ein Röhrchen hinein, so tropft dieser Saft heraus. Manche Naturvölker bereiten Wein daraus oder verwenden ihn auch im frischen Zustande als Medizin, denn er gibt den Kranken die Jugendkraft wieder.

Wenn man die jungen Birkenblätter kostet, so schmeckt man, wie würzig sie sind. Sie haben nämlich einen balsamischen Überzug. Wer hätte auch den harzigen Duft noch nicht wahrgenommen, der von einer Birke ausströmt! Sogar die kahlen Zweige duften noch. Die Birke schwitzt diese Balsamstoffe aus, weil sie ja keine Blumen und keine Früchte hat. Nur Blätter will sie haben. Darum wandelt sie die Blütenstoffe um und schickt sie einfach in Blätter und Zweige. Und in der Rinde speichert sie nahrhafte Stoffe auf, wie Zucker und Öl, so daß manche Naturvölker diese Rinde mahlen und im Brote verbacken, wennn Notzeiten herrschen. Auch das Juchtenöl wird aus Birkenrinde gewonnen.

Wir nehmen von der Birke das Holz oder machen Besen aus den Ruten; für die Völker Nordeuropas und Nordasiens aber ist die Birke ein lebenswichtiger Baum. Sie wird in diesen Gegenden zum größten Wohltäter, ohne den die Menschen gar nicht leben könnten. Auch die Rinde findet vielseitige Verwendung. Sie wird kunstvoll abgeschält und dann zu denselben Zwecken gebraucht wie Leder. Taschen, Riemen, Trinkgefäße, ja sogar Schuhe werden daraus angefertigt. Mit größeren Stücken werden Häuser gedeckt, denn Birkenrinde ist wasserundurchlässig und beinahe unverweslich, weil sie viel Gerbstoff enthält. Sie dient selbstverständlich auch zum Gerben von Tierhäuten. Wenn ein Balken in die feuchte Erde gesetzt werden soll, der besonders lange halten muß, so wird er zunächst in Birkenrinde eingehüllt, damit er nicht fault. In Finnland werden die kleinen Kinder in Wiegen gelegt, welche aus Birkenruten geflochten sind. Diese Wiegen werden an langen Stricken an die Decke gehängt, und ein Birkenast ist so daran befestigt, daß die Großmutter das Kind bequem hin- und herschaukeln kann.

Man sieht also, wie vielseitig die Verwendbarkeit der Birke ist und daß sie für den Menschen eine große Bedeutung haben kann. Weiß man noch dazu, wie anspruchslos und bescheiden der Baum ist, daß er sowohl starken Frost als auch zeitweilige Dürre unbeschadet überdauert wie kein anderer Baum, so muß man ihn besonders hochschätzen. Die Birke trägt ihre Vorzüge nur nicht offen zur Schau und prunkt nicht mit ihrer inneren Stärke und ihrer Schönheit. Wer wie eine Birke ist, der hat das auch gar nicht nötig.

Auch über die Birke wird noch viel sehr Interessantes zu sagen sein, wenn jene Erdgebiete der nördlichen Halbkugel geschildert werden, wo das Pflanzenleben der Erde dem rauhen Klima erliegt.

## *Der Lindenbaum*

Der Lindenbaum ist ein treuer Begleiter und guter Freund des Menschen. Wie viele Kinder spielen unter Lindenbäumen, und viele Erwachsene erinnern sich gerne ihrer im Schutze alter Linden dahingeflossenen Jugendjahre. Ein Volkslied lautet:

Am Brunnen vor dem Tore,
da steht ein Lindenbaum,
ich träumt in seinem Schatten
so manchen süßen Traum,
ich schnitt in seine Rinde
so manches liebe Wort;
es zog in Freud und Leide
zu ihm mich immerfort.

Manch ein Wanderer mag unter dem Blätterdach dieser alten Linde geruht haben im Laufe der Jahre, und viel könnte sie erzählen, denn der in seiner Jugend raschwüchsige Baum erreicht ein sehr hohes Alter. Es gibt Linden, von denen anzunehmen ist, daß sie tausend Jahre alt sind. Oft sind die Versammlungsorte unserer Vorfahren noch an alten Lindenbeständen zu erkennen. Das Lindenblatt galt als Zeichen des freien Mannes, die Eichel als das Zeichen des unfreien Knechtes. Besonders die Dichter lieben die Linde, weil sie einem so gute Gedanken zuraunt. Auch unsere Vorfahren wußten diese Eigenschaft hoch zu schätzen. Der Baum war ihnen heilig und wurde besonders an solchen Orten angepflanzt, wo weise Männer und Frauen heilige Dienste verrichteten oder wo sonst Weisheit vonnöten war, wie z. B. an Gerichts- oder Versammlungsstätten.

Die Linde ist ein Blütenbaum im wahren Sinne des Wortes. Ihre fünfteiligen Blüten hängen in Sträußen nach unten. Man sieht daraus, daß sich die Linde der Erde zuwendet. Es schadet nichts, wenn es regnet, denn die grünlichgelben Blütenhüllblätter bilden ein schützendes Dach für den Nektar. Wenn Linden in voller Blüte stehen, sind auch die Bienen in rastloser Tätigkeit. Ein tief summender Ton erfüllt den Baum, und reichlich fließt der Nektar in den Blüten. Lindenhonig gilt als besonders köstlich und heilsam. Aber nicht allein die Bienen, sondern auch die Menschen wissen die Lindenblüten zu schätzen. Man muß auf Leitern steigen und einen Korb mitnehmen, wenn man sie pflücken will. Jeder weiß, wie wohl Lindenblütentee mundet und daß er das Blut reinigt und durchwärmt, so daß man schwitzen muß.

*Blatt der Winterlinde*

*Blatt der Sommerlinde*

Im Gegensatz zu den Fruchtbäumen könnte man die Linde auch einen Honigbaum nennen. Eine blühende Linde träufelt geradezu von Süßigkeit, und ein herrlicher Duft strömt nach allen Seiten. Sogar die Blattläuse, die auf den Linden leben, scheiden einen süßen Saft aus. An manchen Tagen sind die Lindenblätter von dem Honigtau — so nennt man den klebrigen Stoff — ganz überzogen. Der Regen wäscht ihn ab.

Die Linde hat keine bitteren, harzigen oder gar giftigen Stoffe in sich. Knospen und Blätter schmecken gut. Wenn man sie kaut, so geben sie einen Schleim, der wie Brot schmeckt. Sie können sogar als Viehfutter verwendet werden wie auch das gemahlene Holz, weil es Nährstoffe enthält. Früher galt Lindenschleim als ein wohltätiges Wundheilmittel. So hat der sanfte Baum nichts an sich, was dem Menschen schaden könnte. Er ist freundlich, und nur gute Eigenschaften lernt man an ihm kennen. Die Linde ist eben wie eine gute Mutter, die auch Märchen erzählen kann. Ihr Holz ist weiß und weich und eignet sich besonders gut zum Schnitzen. Viele herrliche Kunstwerke sind daraus gefertigt. Aus der Rinde wird der Bast gewonnen. Man wählt armstarke Äste aus und legt sie in Wasser, damit die Rinde verrotten kann, bis die hellen Bastfasern abgezogen werden. Lindenbast wird zum Anbinden von Pflanzen im Garten gebraucht, aber auch Flechtwerk aller Art wurde von altersher aus Lindenbast hergestellt, so z. B. Seile und Bogensehnen. Wohlgeborgen fühlte sich der Krieger, wenn Schild und Sattelzeug aus Lindenbast geflochten waren.

Das Blatt der Linde hat die Form eines Menschenherzens. Die linke und die rechte Hälfte sind verschieden. Bei der Winterlinde, die später ausschlägt, sind die Blätter kleiner und besonders oberseits dunkler grün. Auch ist die Zähnelung des Randes schärfer. Die Sommerlinde hat größere und weichere Blätter von hellerer Farbe und filziger Unterseite. Die Winterlinde hat dort, wo die Blattnerven zusammentreffen, dichte, rötlichbraune Haarbüschel. Darin verbergen sich die Blattläuse.

Wenn eine Linde ausschlägt, brechen nicht wie bei anderen Blütenbäumen mit den Blättern auch gleich die Blüten hervor. Es müssen zunächst längere Blatttriebe wachsen, bis aus den Blattachseln die Blütenbüschel hervorgehen können. Darum blüht die Linde auch so spät im Jahre. Sie zeigt dadurch ihre innere Verwandtschaft mit der Rose an, mit welcher sie auch ihre Blütezeit teilt. Die rote Rose ist das Sinnbild des reinen Menschenblutes, die Linde aber bildet die Form des Herzens nach. So ist bei der Rose die Blüte menschenverwandt, bei der Linde das Blatt.

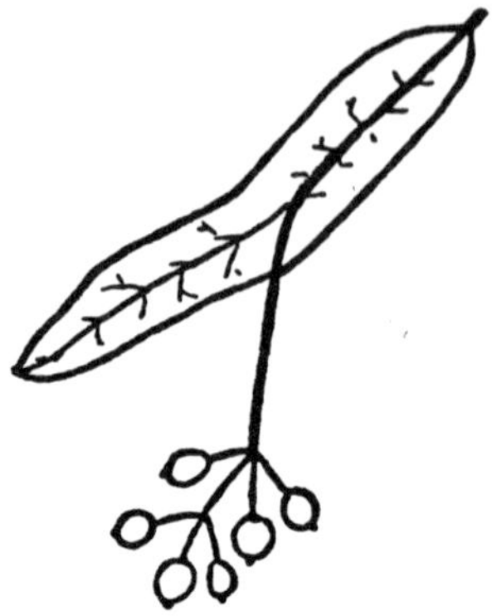

Sind die Blüten schließlich ausgefallen, so entstehen jene wohlbekannten Nüßchen an den Blütenstielen. Jedes Büschel hat ein längliches, gelbes Blatt unter sich, mit Hilfe dessen die Früchte leicht und lustig zu Boden wirbeln.

*Rätsel*

Dein Vater schon
schlief unter meinem Dache,
auch Vaters Vater
sah ich in der Wiege.
Sie träumten süß,
indessen über ihnen
die frohen Gäste
ihre Becher leerten.
Vieltausend Herzen schlagen,
sanft bewegt von Winden:
Ruh bei mir aus,
hier wirst du Frieden finden!

## *Die Eichbäume*

Der Eichbaum steht als das Abbild männlicher Kraft vor uns. Er hat eisenhartes Holz, knorrige Äste, dunkles Laub und erreicht auch ein außergewöhnlich hohes Alter. Wie Denkmäler stehen sie da, diese uralten Eichbäume, und welch ein Gegensatz, wenn man etwa die Birke daneben betrachtet! Die Birke will jung bleiben und ist in ihrer Jugend auch am schönsten, eine Eiche dagegen kommt erst im hohen Alter dazu, ihren besonderen Charakter in Stamm und Krone auszuprägen. Junge Eichbäume erwecken noch nicht jenen Eindruck unbändiger Kraft, den der Baum später hervorruft. Die beiden Eichenarten, die bei uns vorkommen, die Sommereiche und die Wintereiche, unterscheiden sich z. B. dadurch, daß bei der Wintereiche der gewaltige Stamm von der Wurzel bis in den Gipfel durchgeht, während er sich bei der Sommereiche gewöhnlich in drei oder vier Stämme aufteilt. Fast rechtwinkelig gehen die starken Seitenäste ab, wenn sie die Krone bilden. Eckig gebogen und gewunden muten sie zuweilen an, als ob sie im Zorn gebildet wären. Trotzig widerstehen die Eichbäume den stärksten Stürmen des Herbstes.

Lassen wir den Dichter Gottfried Keller sprechen, wie er den Sturm im Eichenwalde miterlebt hat. In seinen Waldliedern sagt er:

Arm in Arm und Kron' an Krone steht der Eichenwald verschlungen,
Heut hat er bei guter Laune mir sein altes Lied gesungen.
Fern am Rande fing ein junges Bäumchen an sich sacht zu wiegen,
Und dann ging es immer weiter an ein Sausen, an ein Biegen;
Kam es her in mächt'gem Zuge, schwoll es an zu breiten Wogen,
Hoch sich durch die Wipfel wälzend kam die Sturmesflut gezogen.
Und nun sang und pfiff es graulich in den Kronen, in den Lüften,
Und dazwischen knarrt und dröhnt es unten in den Wurzelgrüften.
Manchmal schwang die höchste Eiche gellend ihren Schaft alleine,
Donnernder erscholl nur immer drauf der Chor vom ganzen Haine!
Einer wilden Meeresbrandung hat das schöne Spiel geglichen;
Alles Laub war weißlich schimmernd nach Nordosten hingestrichen.

7

Mit solch trefflichen Worten vermag ein Dichter die Eichbäume zu beschreiben. Aber wahrlich, so stehen sie im Sturme! Kein Wunder, daß die Eiche einst dem Kriegsgotte geweiht war! Sie hat das Felsige in sich, und nur im langsamen, zähen Wachstum kann sie ihre Stärke bewahren.

Wenn andere Bäume bereits in ihrem Frühlingsblätterschmucke dastehen, sind die Eichen noch immer kahl. Spät schlagen sie aus — die Sommereiche 10 bis 14 Tage eher als die Wintereiche —, und im Herbste halten sie ihre Blätter so lange fest, daß das Laub noch vertrocknet und gebräunt an den Zweigen hängt. Der Wind rauscht und raschelt darinnen; sie lassen sich Zeit, diese starken Bäume! Fangen dann die Blätter schließlich zu sprießen an, so ist auch die Blütezeit herangekommen. Aber eine Eiche muß mindestens dreißig Jahre alt sein, bevor sie zum ersten Male blüht.

Weil die Eichbäume den Sturm lieben, so wollen sie auch wenigstens vom Winde bestäubt werden. Kein Schmetterling, keine Biene möchte etwas mit den Blüten dieser knorzigen Gesellen zu tun haben, und man könnnte es sich ja auch gar nicht vorstellen, daß auf den Eichbäumen etwa farbige und duftende Blüten wachsen, denn wer so unbändig stark ist, der hat wenig Geschick, solch zarte Bildungen, wie Blumenblätter es sind, hervorzubringen. Wir müssen die Eiche nur recht zu verstehen suchen, dann werden wir auch alles richtig finden, was sie tut.

Wohl mancher mag noch gar nicht darauf geachtet haben, wie eine Eiche eigentlich blüht, und das ist kein Wunder, denn die Blüten der Eichen sind sehr klein und unscheinbar. Die Staubblüten hängen in lockeren Kätzchen gleich hinter den jungen Blättchen, und die Stempelblüten sitzen auf Stielen. Sie sehen fast wie gewöhnliche Knospen aus.

Aus den Stempelblüten werden später natürlich die Eichelfrüchte samt den Becherchen, in denen sie darinnensitzen, und so viele Eicheln später an einem Stiele stehen, so viele Stempelblüten waren es auch. Prasselnd durchschlagen die Früchte das Laub, wenn sie reif geworden sind, und wo sie hinfallen, da bleiben sie liegen.

Nun wäre der Eichbaum aber sehr schlimm daran mit seinen plumpen Früchten, denn wie soll er sich verbreiten, wenn er seine Früchte einfach unter sich fallen läßt wie Steine? Die rühren sich nicht von der Stelle, und es sollen doch neue Bäume aus ihnen hervorwachsen, welche Licht und

Luft für sich haben müssen! Da hat nun der Eichbaum einen tüchtigen Helfer zur Seite, der ihm seine Samen fortträgt, den *Eichelhäher.* Wie schon der Name sagt, sind die Eicheln die Speise dieses zwar prächtigen, aber zugleich groben Vogels. Oft sieht man einen sitzen mit einer Eichel im Schnabel. Aber so viele Eicheln, wie es im Herbste gibt, können die Häher unmöglich fressen. Übriglassen wollen sie aber auch keine, und so versuchen sie denn wenigstens welche zu verstecken. Sie setzen sich auf den Erdboden, bohren mit ihrem kräftigen Schnabel ein Loch und stecken eine Eichel hinein. Vielleicht hat der Eichelhäher die Absicht, sie später wieder herauszuholen, aber bis dahin hat er längst alles vergessen. Außerdem ist der Eichelhäher ein sehr schlechter Botaniker. Er weiß nämlich nicht, daß die Eichel ein Samen ist, welcher in seinem Versteck fröhlich anfängt zu keimen. So wird der Eichelhäher ganz unabsichtlich zum Forstmann, der Eichbäume pflanzt.

Es ist mit der Eiche und dem Eichelhäher so ähnlich wie mit den Blumen und den Insekten, wo man auch die Pflanze ohne das dazugehörige Tier gar nicht begreifen kann. Die Eiche ernährt den Eichelhäher, und der Eichelhäher verpflanzt dafür die Eichbäume überallhin. Wie viele von den Eichen unserer Wälder mag der Eichelhäher gepflanzt haben! Die weise Natur hat dem Eichbaum diesen liederlichen Vogel zugesellt, weil er gerade durch seine Liederlichkeit so wertvolle Dienste leisten kann. Also ist bei den Eichelhähern die Liederlichkeit eine gute Eigenschaft. Da ist es eben anders als bei den Menschenkindern.

Natürlich sind die Eichelhäher nicht die einzigen Liebhaber der Eichelfrüchte. Früher wurden Herden von Schweinen in die Eichenwälder getrieben, und der Wert eines Waldes wurde geradezu danach bemessen, wieviel Schweine er ernähren konnte.

Aber wir würden den Eichbäumen wirklich ein großes Unrecht tun, wenn wir ihnen nachsagen wollten, daß sie, weil sie so derb seien, überhaupt nichts Süßes oder Fruchtiges in sich hätten. Vielmehr ist es mit der Eiche nur so wie mit manchem starken und rauhen Burschen: nach außen hin, da mag sie es nicht so gerne zeigen, das würde ihrer Natur widerstreben, innen darinnen aber ist sie doch irgendwo ein bißchen sanft. Nur muß schon etwas Besonderes passieren, wenn es herauskommen soll. Bei der Eiche da müssen die Gallwespen ein Loch in die Blattunterseite stechen und ein Ei hineinlegen. Höchst merkwürdig benimmt sich nun die Eiche gegen die winzige Larve, welche aus dem Ei ausschlüpft. Sie fängt plötzlich an, diese zu hegen und zu pflegen, ja sie baut ihr sogar eine besondere Wohnkammer. Man findet solche Larvenwohnungen im Herbste sehr häufig an Eichenblättern. Sie haben die Größe einer Kirsche und werden Galläpfel genannt, weil sie wirklich fast wie kleine Äpfel aussehen und auch rote Backen bekommen. In jedem Gallapfel ist eine Larve enthalten, die dort ihr sehr behagliches und gedeihliches Dasein fristet, denn die Eiche scheidet immerfort süße Stoffe für sie aus, welche die Larve abweidet, bis sie ausgewachsen ist. Solche Fürsorglichkeit hätten wir nach allem, was wir bisher von ihnen erfahren haben, den Eichbäumen doch nun wirklich nicht zugetraut. Aber es muß eben etwas Außergewöhnliches passieren.

Auch aus Rindenrissen schwitzt die Eiche süße Säfte aus. Dann kommen die Hirschkäfer und lecken diese auf. Sie kämpfen mit ihren Geweihen um den besten Platz, so daß man es manchmal schon von unten ganz leise krachen hört. Wer gar zu plump ist, der wird fortgestoßen und fällt wie eine Eichel zur Erde.

Man könnte also sagen, daß die Eichen zweierlei verschiedene Früchte haben. Die einen, die Eicheln nämlich, sind die Samenfrüchte, die der Himmel aus seiner Schöpferkraft gibt, damit sich die Eichbäume vermehren können, die andern aber, die Galläpfel, können nur entstehen, wenn die Gallwespen hinzukommen. Dann werden die Eichbäume plötzlich zärtlich und fürsorglich wie eine Mutter.

Wiederum stoßen wir auf höchst interessante Naturzusammenhänge, denn die fruchterweckende Kraft muß hier von außen in Gestalt eines Tieres herantreten, und die Früchte, welche sich bilden, wachsen an der ganz verkehrten Stelle, auf den Blattunterseiten! Wo bei richtigen Früchten die Samen sind, da finden wir bei den Galläpfeln die Insektenlarven. So sehr bringt die Gallwespe die Eiche durcheinander.

Früher wurden die Galläpfel dazu benützt, um Tinte herzustellen, die Eisen-Gallus-Tinte. In den Galläpfeln ist nämlich auch ein sehr herb schmeckender Stoff enthalten, der Gerbstoff. Schon wenn man einen Gallapfel mit dem Messer durchschneidet, so daß der Saft mit dem Eisen in Berührung kommt, färbt sich die Klinge blauschwarz. Aber auch in der

Eichenrinde ist viel Gerbstoff. Darum kann man sie als Gerberlohe zum Gerben von Tierhäuten so gut gebrauchen. Sie macht das Leder unverweslich und zieht es zusammen. Natürlich kommt auch die wellig-buchtig zusammengezogene Form der Eichenblätter von der zusammenziehenden Eichenkraft her.

*Rätsel*

Welches Tier hat nur vorne
der liebe Gott gemacht,
und hinten macht es
ein Bäckermeister?
Das Ganze springt
auf das erste hinauf,
das andre, denkt euch,
hört zweimal auf!

## *Der Apfelbaum*

Wie ganz anders wird es einem zumute, wenn man statt an Linde, Weide oder die Waldbäume an den Apfelbaum denkt! Der Apfelbaum ist unser wichtigster Obstbaum. Da wird es einem gleich, als fühle man die schweren Früchte in seinen Händen und taste die wunderbare Rundung ab. So, wie der Apfelbaum heute in Gärten und auf Feldern steht, ist er durch die menschliche Pflege geworden, die Natur allein läßt ihn auf einer Stufe stehen, auf welcher er noch keine genießbaren Früchte hervorbringt. Die Früchte des Holzapfelbaumes — so nennt man den wilden Apfelbaum — sind nur zwei bis drei Zentimeter groß und schmecken herb und sauer.

Der Apfelbaum ist ein wahrer Wunderbaum, weil er außer den köstlichen Früchten auch noch die herrlichen Blüten hat, und man könnte sich einen in den Garten setzen, nur weil er im Frühling über und über mit Blüten bedeckt ist wie ein Zierbaum. Wenn er in seiner vollen Blütenpracht dasteht, sieht man ihm seine Verwandtschaft mit der Rose deutlich an, denn Apfelblüten sind wie kleine Heckenrosen. Sie haben fünf rosenrot angehauchte Blumenblätter und einen fünfteiligen grünen Kelch. Den Fünfstern, den die Rose in sich trägt, hat der Apfelbaum noch außerdem in seiner Frucht, im Kerngehäuse. Man findet ihn, wenn man einen Apfel quer durchschneidet. Rose und Apfelbaum gehören nämlich zu ein und derselben Pflanzenfamilie, den Rosengewächsen. Die Rose bildet die *Blüte* besonders herrlich aus, der Apfelbaum die *Frucht*. Auch unsere anderen Obstbäume, wie Birnbaum, Kirschbaum, Pflaumenbaum, Pfirsich, Aprikose, Quitte und Mispel, schließlich auch das Mandelbäumchen und die Schlehe sind Rosengewächse! Himbeere und Brombeere ähneln mehr der Rose, wie man schon an ihren Blättern sehen kann. Außerdem wachsen sie strauchartig und haben Dornen wie eine Rose.

Ein wichtiger Unterschied zwischen Rose und Apfelbaum besteht darin, daß die Rose, obgleich sie so herrlich duftet, keinen Nektar erzeugt. Die Bienen besuchen die Rose nur, um sich den nahrhaften Blütenstaub zu holen. Bei den Apfelblüten ist es anders. Sie spenden reichlich Nektar, und man erkennt daraus, wieviel saftiger der Apfelbaum sein muß trotz der rosenähnlichen Blüten. Sonst könnte er nicht die saftigen Früchte tragen. Schon die Rinde hat etwas Fruchtartiges an sich. Das wissen z. B. die Hasen. Sie kommen während der Winterszeit und benagen die jungen Stämmchen zum Verdruß des Gärtners.

Die Blätter der Rose sind aus mehreren Teilblättchen zusammengesetzt, die Blätter des Apfelbaumes dagegen sind schlicht und einfach. Man kann die grünen Blätter einer edlen Rosensorte mit großem Wohlgefallen betrachten. Die Rose ist eben eine Künstlerin. Der Apfelbaum aber gibt sich mit seinen Blättern weniger Mühe. Es würde seiner Natur widersprechen, etwa eine besonders schöne Pflanze zu werden. Er möchte in ehrlicher Fruchtbarkeit sein Dasein fristen und nützlich sein. Die Rose erquickt die Seele, der Apfelbaum den Leib.

Schon wenn man seine Wuchsform betrachtet, kann man wichtige Beobachtungen über den Apfelbaum machen. Er ist ein verhältnismäßig niedriger Baum. Sein Stamm ist kurz, seine Krone mehr breit als hoch. Wie klein kommt er einem vor, wenn man ihn mit den urwüchsigen Waldbäumen, Buchen, Eschen und Ahornbäumen, vergleicht! So kann er sich besser von den Lebenssäften der Erde durchdringen lassen. Bis in die Früchte reicht ihre Kraft, damit die Äpfel groß und schwer werden und wir hineinbeißen können, daß es kracht.

So hat der Apfelbaum zwei verschiedene Lebensabschnitte. Erst kommt die Blütezeit. Da genügt es schon, wenn die Frühlingssonne von außen auf die Zweige scheint, um die Blüten hervorzuzaubern, denn die Knospen sind bereits im Vorjahre gebildet worden. Sollen aber die Früchte während des Sommers wachsen, so muß die Sonne viel tiefer eindringen und die Erdenkraft befeuern. Aber die Sonne muß die Äpfel auch gehörig anstrahlen, damit sie reifen. Sie sollen rote Backen bekommen.

Natürlich können die Apfelblüten keine gewöhnlichen Rosenblüten sein, wenn Äpfel daraus werden sollen. Da wendet sich der Apfelbaum zur Erde und sagt: Nimm teil an meiner Blütenbildung! Und die Erde versteht es und gibt den Apfelblüten einen tiefen Blütenboden. Dahinein versenkt dann der Apfelbaum seine Stempel wie in ein kleines, abgesondertes Stückchen Erdboden, denn das ist der Blütenboden. Der Apfelbaum hat also einen unterständigen Fruchtknoten. Nach der Befruchtung durch die Bienen läßt die Erde diesen Blütenboden weiterwachsen und zum

Fruchtfleisch anschwellen; aus dem Stempel aber wird nur das pergamentene Kerngehäuse mit den Samen, den Kernen nämlich. Wir sehen also, wie wahr es ist, daß ein Apfel keine gewöhnliche Frucht ist, etwa wie eine Kirsche oder eine Schlehenfrucht. Er ist ein nahrhaft und saftig gewordener Blütenboden, eine Scheinfrucht, wie die Botaniker sagen.

Wer einen Apfel ißt, der verspeist eine kleine Erde.

### *Am Kamin*

Kennst du die hohe Wissenschaft,
Der Bäume Geist, des Holzes Kraft?
Wenn nicht, so laß uns am Kamin
Andächtig lauschend niederknien!

Das *Buchenholz* brennt hell und rein,
Doch muß ein Jahr verstrichen sein,
Seit man im Wald den Baum gefällt,
Zersägt und mit dem Beil gespellt.

Noch länger braucht ein *Eichenscheit*
An Zeit, bevor es brennbereit.
Allein der Hölzer Königin,
Gleichviel, ob trocken oder grün,
Das ist die *Esche;* denn ich weiß:
Sie brennt geduldig, hell und heiß.

Das *Birkenholz* brennt auf der Stell',
Sein heller Geist verzehrt sich schnell,
Schnell sinkt die Flamme überm Rost
Und dunkelt hin und ist verglost.

Von der *Kastanie* meinen sie,
Daß sie zu höchster Glut gedieh',
Wär' nur die Zeit gehörig lang,
Seit sie im Park darniedersank.

Allein der rechten Flammen Speis',
Dem *Eschenholz* sei Lob und Preis!
Gleichviel, ob trocken oder grün:
Es ist der Hölzer Königin.

Das *Pappelholz* mit bitt'rem Rauch
Reizt deinen Hals, die Augen auch.
Wie modrig Holz die *Ulme* brennt,
Gehemmt von fremdem Element.
Selbst ihre Flamme phosphorhaft
Scheint taub und kalt, ohn' Geisteskraft.

Kein Holzscheit sich vergleichen kann
Mit meiner *Esche*. Schau dir's an!
Für einer Königin Gelaß
Ein festlich Feuer wäre das:
So hell, wie heiß und abendlang
Mit Flammenknacken und Gesang.

Vom *Apfelbaum* das kleinste Scheit,
Es füllt mit Duft die Räume weit.
Geht auch der Winter ins Gericht,
Du schließt den Blick und siehst ihn nicht.
Das Holz, vom *Hagedorn* beschafft,
Durchsüßt geheim des Brotes Kraft.
Backstuben duften wunderbar
In Irland, wo es Sitte war.

Allein das *Eschenholz* ist wert,
daß es der Flamme Großmacht nährt
Und aller Geister Herrlichkeit
Aufopfernd seine Scheiter weiht!
Es bleibt, ob trocken oder grün,
Mir Holz der Hölzer im Kamin.

Nach einem englischen Volkslied

## *Wie Blütenpflanzen verwandt sind – von Kartoffel und Tomate*

Wer die Blütenpflanzen einteilen will, muß zu erkennen suchen, wie sie untereinander verwandt sind. Manche sind sich so ähnlich wie Brüder und Schwestern, andere wieder stehen sich nicht so nahe. Am leichtesten zeigen einem die Pflanzen an, mit wem sie verwandt sind, wenn man ihre Blüten genau untersucht; aber auch an Blättern, Stengeln, Früchten und Samen kann man manches erkennen. So zeigt sich z. B. die Verwandtschaft von Kartoffel und Tomate durchaus nicht nur im Blütenbau, sondern auch an den Früchten und den Blattformen.

Bei der Kartoffel kann es uns ganz gleichgültig sein, wie sie blüht und wie ihre Früchte aussehen, denn wir ernten nur die unterirdischen Knollen; bei der Tomate dagegen wollen wir gerade, daß recht viele der herrlich roten Früchte da oben an den Blütenständen wachsen und daß sie recht schön gedeihen. So haben Blüten und Früchte das eine Mal gar keine Bedeutung für den Menschen, das andere Mal sind sie die Hauptsache. Der Pflanzenkundige betrachtet sie in beiden Fällen mit gleichem Interesse: Beide Pflanzen müssen verwandt sein, so sagt er sich, wenn er die Ähnlichkeit der Blütenformen entdeckt. Ist es doch gerade, als ob kleine Kartoffelblüten an den Tomaten wachsen würden, trotzdem die Tomaten eine gelbe, die Kartoffeln eine weiße oder violette Blütenfarbe haben. Beide Male ist die Blumenkrone ein fünfzipfeliges Rädchen, und die Staubbeutel bilden einen gelben Kegel in der Mitte. Aber auch die Früchte von Kartoffel und Tomate sind sich sehr ähnlich, denn, wie man im Herbste sehen kann, wachsen an den Kartoffelstauden richtige kleine Tomaten, nur daß sie grün bleiben und daß man sie nicht essen kann, weil sie einen Giftstoff enthalten. Da muß denn doch eine Verwandtschaft zwischen Tomate und Kartoffel vorliegen! Ist man einmal darauf aufmerksam geworden, so findet man die Verwandtschaft auch in den Blattformen bestätigt. Und doch, wie ungleich sind sich beide Pflanzengeschwister in anderer Hinsicht!

Für den Bauern sind die tomatenähnlichen Kartoffelfrüchte nichts nütze. Sie werden fortgeworfen. Für den Sortenzüchter haben sie eine große

Bedeutung. Er muß sie reifen lassen, um die Samen zu gewinnen, die darin enthalten sind. Die sät er aus, genauso, wie es sonst mit den Tomaten gemacht wird. So bekommt der Züchter neue Kartoffelpflanzen. Der Bauer dagegen vermehrt seine Kartoffeln auf ganz andere Weise. Er

*Das Kartoffelblatt (unten) und das Tomatenblatt (oben) sind verwandt. Beide Blätter sind aus Fiederblättchen zusammengesetzt, nur daß die Fiederblättchen der Tomate nochmals gefiedert sind. Außerdem kommen bei beiden Blättern zwischen den großen Teilblättchen noch kleine Blättchen aus der Mittelrippe.*

nimmt besonders ausgewählte Knollen („Saatkartoffeln") und pflanzt sie in die Erde. Dann kommt aus jedem Auge ein junger Trieb herausgewachsen. Für gewöhnlich werden die Saatkartoffeln sogar in Stücke geschnitten, aber jedes Stück muß wenigstens ein Auge haben.

So könnte es der Gärtner mit seinen Tomatenpflanzen allerdings nicht machen, denn die Tomate hat keine unterirdischen Knollen. Die Setzlinge müssen aus Samen gezogen werden, und Mitte Mai, wenn die Gefahr der Nachtfröste vorüber ist, können sie aus dem Frühbeet in das freie Land ausgepflanzt werden.

Die Tomate liebt das Licht und die Wärme. Je sonniger ein Jahr ist, um so besser gefällt es ihr und um so schöner geraten ihre Früchte. Ist sie einmal so richtig dabei, üppig ins Kraut zu schießen, so kommt ein Blatt nach dem anderen zum Vorschein, daß es kein Ende nehmen will, und jedesmal entspringt in der Nähe eines Blattes auch eine Blütentraube aus dem Stengel. Könnte die Tomate wachsen, wie sie wollte, so würde sie noch außerdem aus jeder Blattachsel einen Seitenast hervortreiben. Aber der Gärtner möchte nicht, daß sich der Stock im Kraut erschöpft, darum läßt er nur einen oder höchstens zwei starke Stengel stehen. Die Achseltriebe oder Geize, wie er sie nennt, werden herausgebrochen. Man glaubt gar nicht, in welch kurzer Zeit sich solch ein Achseltrieb zu einem selbständigen Aste entwickelt hat, wenn man ihn stehenläßt.

Am liebsten möchte die Tomate ins Maßlose wuchern. Das sieht man auch ihren gefiederten Blättern an, denn sie läßt zwischen den Blattfiedern nochmals kleine Blattstückchen aus der Mittelrippe hervorwachsen. Also wuchert die Tomate nach oben im Lichte und bildet ihre Früchte, die doch nichts anderes als riesenhafte, große Beeren sind.

Auch die Kartoffel hat eine große Wucherkraft in sich, nur wuchert sie nicht über, sondern unter der Erde. Schon ehe der Stengel die Scholle durchbrochen hat und das Tageslicht erreicht, treibt er Seitenäste nach allen Richtungen. Das sind die unterirdischen Ausläufer, an welchen die Kartoffelknollen wachsen. Wer da nämlich denken wollte, daß die Kartoffelknollen Wurzelbildungen wären, der irrt sich gewaltig. Unterirdisch dahinkriechende und mächtig dick gewordene Stengelteile, das sind die Kartoffelknollen. Die Nährstoffe (Stärke), welche die Blätter oben am Sonnenlichte bilden, rieseln des Nachts in die unterirdischen Knollen. Ist es ein Wunder, daß diese dann so dick anschwellen! Sie scheuen das Tageslicht, diese drolligen Kobolde, und wollen in der Finsternis wuchern. Welch ein Spaß, wenn sie im Spätherbst dennoch herausmüssen! Daß sie wirklich nichts anderes als verdickte Stengel sind, erkennt man daran, daß sie Augen haben wie ein Stengel und daß auch diese Augen zu Seitenstengeln austreiben, meist schon im Keller. Ferner kann man öfters beobachten, daß Kartoffelknollen ergrünen, wenn sie durch Zufall aus der Erde herausschauen und vom Sonnenlichte getroffen werden — vielleicht, weil der Gewitterregen sie ausgewaschen hat. Dann verhalten sie sich wie andere oberirdische Pflanzenteile.

Kartoffel und Tomate, zwei Geschwisterpflanzen, in Blüten, Blättern und Früchten so ähnlich und doch so verschieden, ja entgegengesetzt, wenn man ihre Lebensweise vergleicht! Es ist ein großer Unterschied, ob wir Früchte essen, die im Lichte gereift sind, oder die Knollen einer Pflanze, deren Stengel sich im Erdboden verkriechen.

### *Rätsel*

Er hat keine Ohren,
der Dummkopf,
und die Haare
sind ihm ausgegangen.
Er hat viele Augen
und kann doch nicht sehen,
der arme Kerl!
Im Winter kommt er ins Haus,
aber er kommt nicht wieder heraus.

## *Von den Streifenblättlern und den Netzblättlern*

Hat man eine Blütenpflanze vor sich, so ist es entweder ein Streifenblättler oder ein Netzblättler. So heißen nämlich die beiden großen Gruppen des Blütenpflanzenreiches. Man erkennt die Zugehörigkeit zu einer der beiden Gruppen meistens, jedoch nicht immer, an den Nerven der grünen Laubblätter. Bei den Streifenblättlern laufen sie fast parallel nebeneinander her, und man kann auch keine ausgesprochene Mittelrippe erkennen. Bei den Netzblättlern dagegen gibt es eine Mittelrippe, von welcher die dünneren Seitenrippen abgehen wie bei einem Baum die Äste. Besonders deutlich erkennt man den Verlauf, wenn man die Blätter von der Rückseite her betrachtet. Zerreißt man solch ein Blatt, so gehen die Risse zackig hin und her, während sie bei einem streifenblättrigen Blatt in der Längsrichtung verlaufen.

Die Nerven der Netzblättler gehen sehr oft in der Nähe des Blattrandes wieder ineinander über. Dann ist das ganze Netz in sich geschlossen, so wie unser Adernetz in sich geschlossen ist, weshalb man auch bei Pflanzen statt von Blattnerven von Blattadern sprechen kann.

*Netznerviges Blatt*

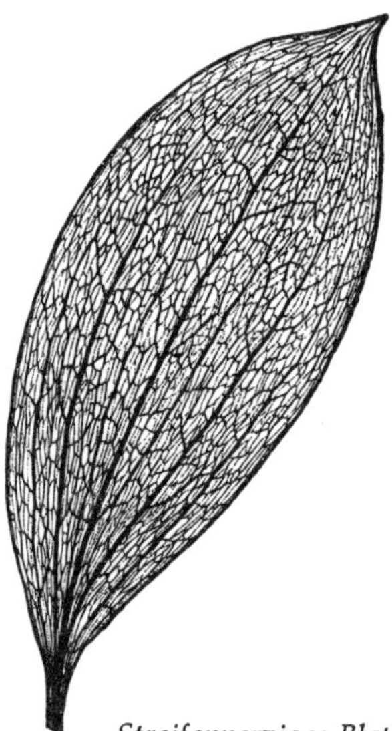

*Streifennerviges Blatt*

Was bisher gesagt worden ist, gilt aber nur von den Hauptnerven oder -adern. Durch kleine Äderchen sind auch die Nerven der Streifenblättler miteinander verbunden.

Allerdings darf man sich niemals nach den Blattnerven allein richten, wenn man genau wissen will, ob man einen Streifenblättler oder einen Netzblättler vor sich hat. So sehen z. B. die Blätter vom Wegerich aus, als ob der Wegerich ein Streifenblättler wäre, und doch ist er es nicht. Andererseits sieht es bei manchen Streifenblättlern so aus, als ob sie eine stärkere Mittelrippe hätten, und doch ist es nur die Stelle, wo das Blatt in linke und rechte Hälfte geknickt ist. Aber es gibt bei manchen Streifenblättlern auch richtige verstärkte Mittelrippen.

Wonach soll man sich nun richten, will man die beiden großen Gruppen des Blütenpflanzenreiches richtig erkennen? Man muß eben alles zusammenhalten und nicht allein die Blätter studieren. Wir brauchen uns ja nur daran zu erinnern, was schon früher über die Blüten und ihre Gesetzmäßigkeit in diesem Buche ausgeführt worden ist. Die Blüten der Streifenblättler sind meist sechsteilig und haben keine grünen Kelche, so hieß es; die Blüten der Netzblättler sind meistens fünfteilig und haben grüne Kelche. Aber auch hier gibt es, wie überall in der lebendigen Natur, Ausnahmen. Eine für den Menschen besonders wichtige Pflanzenfamilie, die wir bald kennenlernen werden, die Kreuzblütler nämlich, ist eine solche Ausnahme, denn dort sind alle Blüten nach der Vierzahl gebildet.

Schließlich soll noch ein anderer Unterschied der Blätter beider Pflanzengruppen erwähnt werden: Die Blätter der Streifenblättler sind nämlich meistens viel einfacher, wie man schon an den Zwiebelgewächsen und den Gräsern sehen kann. Sie haben seltener einen Blattstiel und sind niemals aus mehreren Teilblättchen zusammengesetzt; auch sind die Blattränder glatt und nicht wie bei Netzblättlern gesägt, gekerbt oder gezähnt. Dagegen kommen bei vielen Netzblättlern zusammengesetzte Blätter mit Teilblättchen vor (Rosenblätter, Tomatenblätter), und wenn ein Blattstiel vorhanden ist, so ist er ganz deutlich von der Blattspreite verschieden, viel mehr als bei Streifenblättlern.

Überblickt man alles, was über den Unterschied von Streifenblättlern und Netzblättlern bisher gesagt worden ist, so muß man feststellen, daß die Netzblättler die vollkommeneren Pflanzen sind.

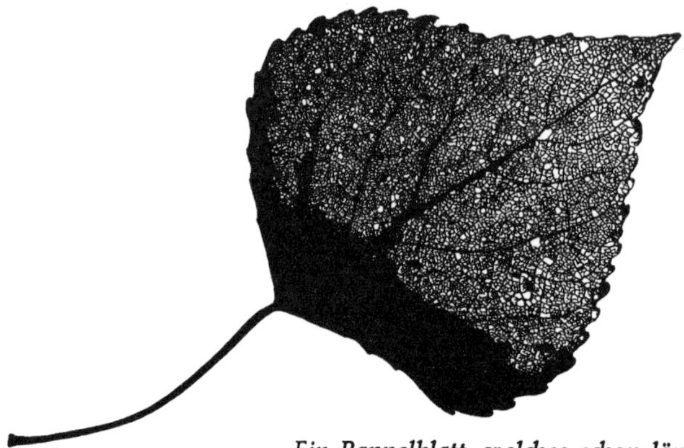

*Ein Pappelblatt, welches schon längere Zeit im Schlamm gelegen hat. Der größte Teil des Blattgewebes ist zerfallen, dafür sieht man die allerfeinsten Äderchen um so deutlicher, besonders wenn man ein Vergrößerungsglas zu Hilfe nimmt.*

*Aufzählung einiger Streifenblättler und einiger Netzblättler*

| Streifenblättler sind: | Netzblättler sind: |
|---|---|
| Tulpe | Rosen und Rosengewächse |
| Lilie | Hahnenfuß |
| Schneeglöckchen | Nelkengewächse |
| Maiglöckchen | Klee und Lupine |
| Knabenkräuter | Kartoffel und Tomate |
| Laucharten | Taubnessel und Brennessel |
| Krokus | Salbei und Thymian |
| Herbstzeitlose | unsere Kohlarten |
| Hyazinthe | das Veilchen |
| Schwertlilie | die Primelarten |
| Gräser und Getreidearten | Löwenzahn |
| Binsen und Riedgräser | Glockenblume |
| Laichkräuter | alle Bäume und Sträucher |

Die Nadelbäume bilden eine selbständige Gruppe für sich. Man muß sie zwar zu den Blütenpflanzen rechnen; weil sie aber ihre Samen noch nicht in Früchte, seien es nun fleischige oder trockene, einschließen, sondern sie einfach auf die Zapfenschuppen legen, nennt man sie auch Nacktsamer. Natürlich sind die Bedecktsamer (Streifenblättler und Netzblättler) die höhere Stufe.

## *Übersicht*
## *einiger Merkmale der Streifenblättler und der Netzblättler*

| Streifenblättler | Netzblättler |
|---|---|
| *Blüten* | |
| Meist nach der Dreizahl gebildet<br>Einfache Blütenhülle | Meist nach der Fünfzahl gebildet<br>Doppelte Blütenhülle (Kelch und Krone) |
| *Blätter* | |
| Streifennervig<br>Niemals zusammengesetzt, meist ohne Blattstiel und mit glattem Rande | Netznervig<br>Oft zusammengesetzt oder zerteilt, mit einem Blattstiel und gezähnten, gesägten oder gekerbten Rändern |
| *Stengel* | |
| Krautartig, nicht verholzt, oft einfach. Palmenartige haben Stämme | Öfter holzig oder Stämme, Äste und Zweige bildend |
| *Wurzeln* | |
| Oft Zwiebeln, Knollen oder fleischige Wurzelstöcke bildend | Niemals Zwiebeln bildend, oft aber zähe Wurzelstöcke |
| *Keimlinge* | |
| Mit nur einem, meist spitzen Keimblatt (einkeimblättrig), oft auch ohne Keimblatt | Meist mit zwei, oft breiten Keimblättern (zweikeimblättrig) |

# *Von der Tulpe*

Sie ist ein Frühlingsgewächs, ja, man kann sie sogar schon lange, ehe es draußen Frühling wird, im Zimmer zur Blüte bringen. Diese Eigenschaft hat die Tulpe mit noch anderen Zwiebelpflanzen gemein, wie z. B. mit der Hyazinthe. Der Grund, warum das überhaupt möglich ist, liegt darin, daß sie nicht ganz von vorn anfangen muß, wenn sie blühen will, wie es wäre, wenn sie jedesmal erst aus dem Samen keimen müßte. Das erste, was getan werden muß, ist darum die genaue Betrachtung der Tulpen*zwiebel.*

Außen hat sie eine lederartige braune Schale um sich, und innen sind die weißen Zwiebelschalen oder -schuppen. Ganz unten aber ist die Zwiebelscheibe. Sobald die Zwiebel anfängt zu treiben, wachsen dort Wurzeln heraus. Aber auch an alten Zwiebeln, die ausgegraben werden, weil sie schon verblüht sind, kann man die Wurzeln sehen. Die Zwiebelscheibe ist der Stamm der Zwiebel, der nur statt in die Länge in die Breite gewachsen ist. Am deutlichsten sieht man natürlich alles, wenn man eine Zwiebel längs durchschneidet, wie es auf dem Bilde gezeichnet ist. Oben ragt aus der Zwiebel der Blütenstengel heraus, und unten hat sich schon eine junge Zwiebel, ein Tochterzwiebel — wie man sagt — gebildet, denn jedes Jahr erneuert sich die Zwiebel aus sich selbst. Bald wird die Tochterzwiebel so groß wie die Mutterzwiebel geworden sein.

Jede Tulpenzwiebel, die alte wie die neue, besteht aus Schalen. Diese Schalen sind nichts anderes als unterirdische, fleischig gewordene Blätter, welche auch nicht ergrünen, weil sie nicht an das Licht kommen. So ist also eine Zwiebel nicht etwa eine Wurzel, sie ist nichts anderes als ein stark verwandelter Trieb mit einem kurzen Stämmchen und schalenförmigen Blättern. Die Wurzeln sind erst ganz unten. Wenn die Zwiebel treibt und grüne Blätter und eine Blüte hervorbringt, wächst eben aus der unterirdischen, verwandelten Pflanze eine zweite, grüne, nicht verwandelte hervor. Das ist das Geheimnis der Tulpenzwiebel.

Die Tulpe hat es wirklich sehr eilig, wenn sie sich im Frühling aus ihrer Zwiebel herausschiebt. So schnell wie möglich möchte sie zur Blüte gelangen. Darum ist sie ja auch in ihren Teilen nur einfach gebildet, ihre

Stengelblätter sind zungenförmig, und auch die Blumenblätter sind nicht viel kunstvoller. So bilden die Tulpen z. B. nicht einmal grüne Kelche aus, weshalb man ihre Blütenhülle eben einfach nennt. Zunächst, in der Knospe nämlich, sieht es allerdings so aus, als ob die Tulpe einen grünen Kelch hätte; dann aber zeigt es sich, daß es nur die Blumenblätter sind, welche anfangs noch nicht buntfarbig sind. Erst wenn die Tulpe sich öffnet, sind sie farbig geworden. Es kommt einem vor, als ob die Tulpe erglühen würde.

Sehr oft kann man eine interessante Mißbildung beobachten. Es kommen nämlich zuweilen Tulpen vor, bei denen schon die obersten Stengelblätter ganz oder doch wenigstens zur Hälfte buntfarbig geworden sind. Manchmal haben sie auch bunte Ränder. Bei wieder anderen solcher Mißbildungen ist ein Blütenblatt teilweise noch grün geblieben. An solchen Wunderlichkeiten kann man eben sehen, daß die Tulpe Laubblätter und Blumenblätter noch nicht richtig unterscheiden kann. Bei der Rose kann man solche Verwechslungen nicht beobachten. Die Rose ist eben eine vollkommenere Pflanze als die Tulpe. Werfen wir aber nun die Frage auf, wie denn die Tulpe eigentlich zur Erde steht! Sie eilt zur Blüte rasch hin, um bald darauf wieder unter der Erde zu verschwinden.

Aber es besteht doch ein sehr großer Unterschied zwischen den unterirdischen Teilen der Tulpen und denjenigen z. B. der Bäume. Bäume haben unter der Erde nur ihre holzigen Wurzelstöcke, die Tulpe hat ihre blättrige Zwiebel unter der Erde. Ja, sie ist ganz und gar wäßrig, und nirgends hat sie einen holzigen Teil. Sie nimmt etwas vom Erdenwasser für sich allein und schließt es durch ihre derbe Haut ab, so daß man sie sogar aus der Erde herausnehmen und für sich aufbewahren kann. Bei einer Rose würde das nicht gehen. So sagt denn die Tulpe: Ich will meinen Kopf für mich allein haben!

Wenn sie aus der Erde herausgeschossen ist und geblüht hat, müßte sie zwar eigentlich eine Frucht bilden, wie die Rose die Hagebutte. Das bringt sie aber nicht fertig. Sie umhüllt ihre Samen rasch mit einer trockenen Samenkapsel und schickt das Fruchtige in ihre Zwiebel, damit diese stark und fleischig werde. So ist die Zwiebel auch gleichzeitig wie eine Frucht, eine Frucht, welche statt in der Blüte in der Erde darinnen steckt. Wenn die Tulpe dann im Frühling keimt, so zehrt sie die in ihrer Zwiebel gespeicherten Nährstoffe wieder auf, während die wirklichen Früchte für die anderen Erdenwesen, für Tiere und Menschen, und nicht für die Pflanze selbst da sind. Also kann eine Zwiebel doch keine echte Frucht sein.

*Durchschnittene Tulpenzwiebel. Der Stengel ist unten stark verbreitert (Zwiebelscheibe). Man sieht, wie die fleischigen, weißen Zwiebelschuppen gleich Blättern daransitzen. Auch erkennt man bereits die junge Zwiebel des nächsten Jahres. Meistens ist noch außerdem eine Ersatzzwiebel in der Schale.*

Wenn man eine ausgereifte Tulpenzwiebel längs durchschneidet und das Innere mit einem Vergrößerungsglas betrachtet, so kann man eine merkwürdige Entdeckung machen: Im Herzen der Zwiebel sitzt keimhaft schon die Blüte des nächsten Jahres sowie ganz klein und zusammengezogen auch die Stengelblätter. Sind auch alle Teile nur veranlagt, die Blumenblätter farblos, Staubgefäße und Stempel noch undeutlich, so sind sie doch immerhin bereits vorhanden. Der Stengel braucht sich nur zu strecken, die Teile sich zu vergrößern, und die Blüte kann sich entfalten; denn sie schlummert, in den fleischigen Zwiebelschuppen eingeschlossen, schon den ganzen Winter. Die Tulpe braucht also nicht erst zu warten wie die Rose, bis sie längere Blättertriebe gebildet hat, um erblühen zu können. Das ist ein großer Unterschied zwischen beiden Pflanzen.

Die Tulpe ist keine einheimische Pflanze. Sie stammt aus den Steppengebieten des Orients. Wohl gibt es bei uns eine wildwachsende, sehr schöne, schlanke und gelbblühende Tulpenart, die Waldtulpe; aber wahrscheinlich ist auch sie eine schon vor langer Zeit verwilderte, fremdländische Tulpe.

In den Jahren 1634 bis 1640 hatte sich in der holländischen Stadt Haarlem die Tulpenliebhaberei zu einem richtigen Wahn entwickelt. In

Büchern wurden über 500 verschiedene Sorten verzeichnet, die auch auf Tulpenbörsen gehandelt wurden. Für die seltensten Sorten wurden schwindelhaft hohe Preise gezahlt, und nicht nur Geld, sondern auch Roß und Wagen, Häuser, ja, große und wertvolle Schiffe wurden für eine einzige seltene Tulpenzwiebel geboten und gegeben. Der höchste Preis, der damals für eine einzige Tulpenzwiebel gezahlt worden ist, beträgt nicht weniger als 13 000 holländische Gulden. Als die Tulpenraserei so gefährlich geworden war, daß sie schon sehr viel Unglück angerichtet hatte, mußte der Handel mit Tulpen schließlich verboten und unter hohe Strafen gestellt werden.

Mag uns die Narretei wegen einer Zwiebel, die man nicht einmal essen kann, die nur eine schöne Blume hervorbringt, heute immerhin unbegreiflich vorkommen, so stellt sie doch der Pflanze, um die es sich handelt, und ihrer Schönheit ein hohes Zeugnis aus.

## *Ehrlich währt am längsten*

Die Pflanzenfamilie, zu welcher auch die Tulpe gehört, ist nach der Lilie benannt. Viele Liliengewächse haben Zwiebeln, wie ja Zwiebeln überhaupt nur bei Streifenblättlern vorkommen. Lilie, Feuerlilie wie Madonnenlilie, Hyazinthe, Kaiserkrone, Türkenbundlilie, Traubenhyazinthe, Goldstern und noch viele andere stolze Blumen sind der Tulpe nahe verwandt, wie man ja schon am Blütenbau sehen kann, wenn auch der innere Bau der Zwiebeln nicht immer derselbe ist wie bei der Tulpe.

Schließlich muß aber noch von solchen Liliengewächsen gesprochen werden, bei deren Duft sich die Nasen rümpfen, oder es kommen einem gar Tränen in die Augen. Niemand wird sie zum Strauße winden oder zum Schmuck ins Zimmer stellen. Dennoch sind sie hochgeschätzt, nur aus ganz anderen Gründen als Lilien und Tulpen. Die Königin dieser merkwürdigen Gruppe von Liliengewächsen, dieser anrüchigen Gesellschaft, ist die Küchenzwiebel. Doch gibt es mancherlei Verwandte, die es ihr gleichtun möchten, wie z. B. der Knoblauch, der Porree und der unschuldige kleine Schnittlauch, der halb und halb schon wieder wie ein anderes Liliengewächs ist.

Was ist in diesen Küchenkräutern aus der stolzen Lilie geworden? Was ist mit ihnen vorgegangen, daß man sie nicht einmal Blumen nennen kann? Wir haben ganz gewiß keine Ursache, etwa geringschätzig auf sie herunterzusehen, denn gerade so wie sie sind, dienen sie uns am besten. Gerade so werden sie zu Wohltätern, mehr, als wenn sie besonders schöne Blüten hätten.

Sie haben nämlich ihr Blütenfeuer in sich behalten, darum sieht man es nicht von außen, sondern riecht und schmeckt es. Statt in den Blumen wirkt es nun in Zwiebeln, Blättern und Stengeln. Es kann scharf und beißend „duften", weil Schwefel in den Stoffen ist. Da aber die Zwiebelgewächse wäßrige Pflanzen sind, wird die Schärfe abgedämpft, und es fängt doch auch gleichzeitig etwas an zu stinken. Wenn man Feuer in Wasser taucht, verlischt es, und wenn in der Pflanze Schwefelfeuer in wäßrige Teile getaucht wird, duftet es nach Zwiebeln. Es beißt aber auch noch — je nachdem!

Nun ist es ja ganz klar, wenn eine Pflanze schon in den Blättern oder gar in der Zwiebel so viel von ihrer Blühkraft verbraucht, dann muß oben in den Blumen etwas fehlen. Auch bei den Zwiebeln ist oben nicht mehr viel übriggeblieben. Natürlich haben Zwiebeln Blüten, zu Kugeln zusammengeballt, aber lauter ganz kleine, grünliche, wie wenn sie ausgelaugt wären.

So ist es denn auch mit den Zwiebeln wieder wie so oft bei den Menschen. Wer nicht nach außen glänzen und leuchten will, läuft Gefahr, geringgeschätzt zu werden. Wegen einer Küchenzwiebel wären ganz gewiß nicht 13 000 Gulden verschwendet worden, und eine gesunde Zwiebel ist doch nicht weniger wert als eine schöne Tulpe.

# *Die Rose*

Wie sorgfältig sie ihre Netzblätter ausbildet und sie aus mehreren Teilblättchen zusammensetzt! Jedes hat sein besonderes Stielchen, und alle Rändchen sind mit einer feinen Zähnelung versehen. Sie nimmt sich aber auch Zeit, die Rose. Bevor sie ihre Blütenknospen kommen läßt, müssen zunächst längere Blättertriebe gewachsen sein, und zwischen den Stengelblättern und den Blumenblättern steht ein grüner Kelch, der ganz anders als die Stengelblätter aussieht. Niemals kann es bei der Rose vorkommen, daß Stengelblätter und Blumenblätter durcheinandergemischt werden. Schon daraus, daß die Rose ein Holzgewächs ist, kann man erkennen, daß sie von der Erdenkraft durchdrungen ist. Die Erde hilft mit, wenn der Rosenbusch seine stacheligen Zweige in anmutigen Bogen nach allen Richtungen hin versendet. An der Spitze neigen sie sich wieder zur Erde. Und wer einmal den Versuch gemacht hat, einen wilden Rosenstrauch aus der Erde herauszureißen, der wird gemerkt haben, wie fest er mit der Erde durch seine Wurzeln verbunden ist. Unter der Erde ist noch einmal ein Bäumchen, ein umgekehrtes.

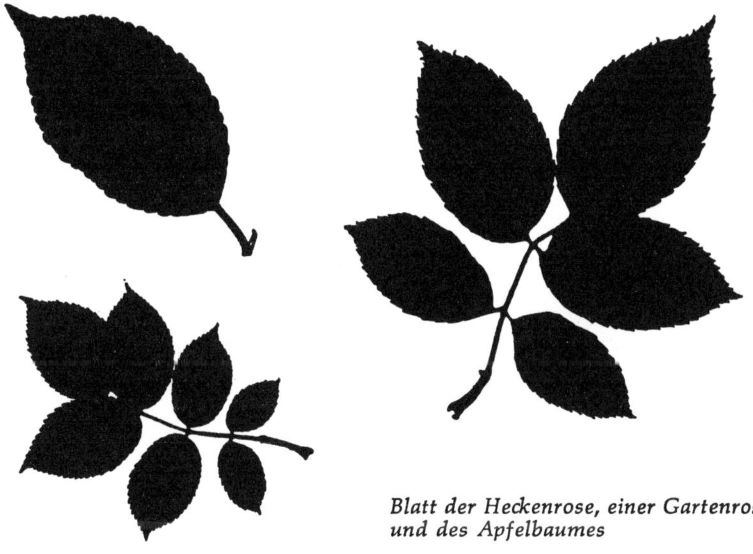

*Blatt der Heckenrose, einer Gartenrose und des Apfelbaumes*

Alles, was die Rose tut, das tut sie mit der Erde zusammen. Wenn die Erde im Frühling zu ergrünen beginnt, dann schlägt die Rose mit ihren Blättertrieben aus; wenn die Erde im üppigen Sprießen und Sprossen begriffen ist, läßt auch die Rose ihre Triebe kräftig wachsen und wuchern, und wenn schließlich das Erdensprossen in die schönste Blütenherrlichkeit übergeht, sieht man auch die Rosenknospen sich entfalten. Dann kommt die Zeit, in welcher die Erde an Sträuchern und Bäumen Früchte reifen läßt, also schickt sich auch die Rose an, ihre Früchte, die Hagebutten, zur Reife zu bringen. Noch wenn die Nachtfröste das Pflanzenleben schon abgetötet haben, sieht man die roten Rosenfrüchte an den kahlen, blattlosen Astgerippen leuchten.

So geht die Rose mit der Erde. Sie braucht den ganzen Sommer, vom Frühling bis in den Spätherbst hinein, bis sie alle Stufen ihrer Entwicklung durchlaufen hat.

Die edle Rose ist mit der Erde verbunden, die stolze Tulpe aber möchte ein reines Himmelsgewächs sein. Blickt man in ihre sechsteilige Blütenhülle hinein, so gewahrt man sechs Staubgefäße, die in wunderbarer Ordnung wie ein Stern dastehen. Wenn es sehr warm ist, breiten sich auch die Blumenblätter zu einem Sterne aus. Der Sechsstern ist das Himmelsgeheimnis der Tulpe. Man empfindet es deutlich, wenn man sie anblickt, daß sie Himmelsherrlichkeit verkünden möchte, während die Rose eine Offenbarerin der Erdenschönheit ist. So stehen sie nebeneinander, diese beiden Gewächse.

## Zusammenfassung

| *Tulpe* | *Rose* |
|---|---|
| Wäßrige Zwiebelpflanze, Wurzeln fleischig, unverzweigt | Pflanze mit holzigem Wurzelstock, Wurzeln baumartig verästelt |
| Frühlingspflanze, eilt schnell zur Blüte hin | Sommerpflanze, bildet, ehe sie blüht, erst längere Blättertriebe aus |
| Blätter einfach, streifennervig, Blütenhülle einfach | Blätter netznervig und zusammengesetzt, Blütenhülle doppelt |
| Sechsstern | Fünfstern |

# *Wunderbares Geheimnis im Rosenkelch*

Man muß die Rosen untersuchen, wenn man das Geheimnis entdecken will; an vielen wird man es deutlich erkennen, daß die fünf Kelchblätter nicht gleich, sondern scheinbar regellos gezähnt sind. Schon in alten Zeiten hat ein Naturforscher folgendes Gedicht in lateinischer Sprache geschrieben. Übersetzt heißt es so:

Fünf Brüder sind es,
zwei von ihnen sind bärtig,
zwei sind ohne Bart geboren.
Einer der Fünfe
hat den Bart nur auf einer Seite.

Die fünf Brüder sind selbstverständlich die Blätter des Rosenkelches, die Bärte deren Zähne oder Fransen. Um die Gesetzmäßigkeit, die sich in ihnen verbirgt, leichter erkennen zu können, sind auf dem Bilde die einzelnen Blättchen mit Zahlen bezeichnet. Das Blättchen 1 ist auf beiden Seiten bärtig, ebenso das Blättchen 2. Das Blättchen 3 ist nur auf einer Seite bärtig, auf der andern Seite ist es ganz glatt. Das 4. und 5. Blättchen schließlich sind, wie man sagt, nackt. Das 5. ist das kleinste von allen.

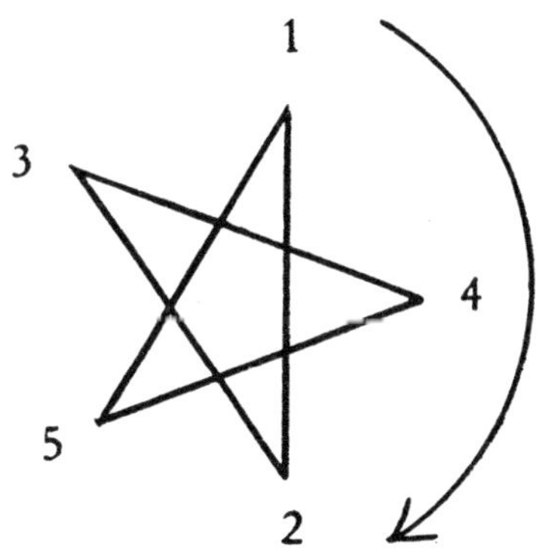


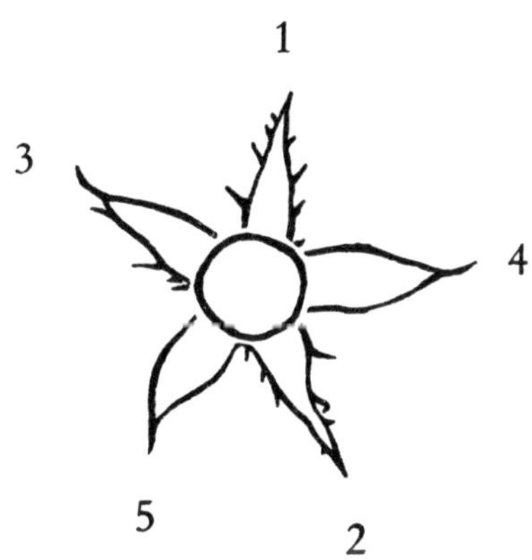

Die Naturforscher haben nun untersucht, welche Gesetzmäßigkeit sich denn hinter dieser scheinbaren Regellosigkeit verbergen könnte, und sie haben es auch herausgefunden. Sie haben nämlich im Rosenkelch die Gesetzmäßigkeit des Fünfsterns entdeckt. Auf unserem Bild ist ein Fünfstern mit Zahlen bezeichnet worden, so wie man sie hinschreiben müßte, wenn man, von einer Zacke ausgehend, den Sternlinien folgen würde. Fährt man aber im Fünfeck außen um den Stern herum, so bekommt man die Reihenfolge 1, 4, 2, 5, 3. Vergleicht man dann die Formen mit dem Rosenkelch, so erkennt man sofort, daß ein Fünfstern darin verborgen ist. Das 1. Blatt hat noch Zähne, das 5. hat keine, und das 3. Blatt ist nur auf der Seite gezähnt, wo die Fünfsternlinie herkommt. Wo sie hingeht, nämlich auf das 4. Blatt zu, hat es keine Zähne mehr.

Wie im Rosenkelch, so steckt auch in der Anordnung der grünen Stengelblätter der Rosen ein Fünfstern, nur daß er dort nicht so leicht zu entdecken ist, weil die Blätter am Stengel nicht in einer Fläche stehen. Die Pflanze kann nicht rechnen, und dennoch ist sie, wie man hier ganz deutlich sieht, nach geheimen Zahlengesetzen aufgebaut. Wie der Sechsstern das Himmelsgeheimnis der Tulpe ist, so offenbart der Fünfstern das Geheimnis der Rose. Ja, auch der einfachste Rosenkelch kann es uns lehren: Himmelsgesetze bilden die Pflanzen!

## *Von den Veilchen*

Die Veilchen gehören mit zu denjenigen Pflanzen, die wir am meisten lieben, obwohl sie so klein sind. Viel mag dazu beitragen, daß sie auch zu den ersten Frühlingsblumen gehören, welche nach der blumenlosen Jahreszeit die noch winterlich graue Flur schmücken. Blühen sie doch bereits im Monat März! Aber die Veilchen haben noch andere liebenswürdige Eigenschaften. Ihre Blüten sind trotz aller Kleinheit so intensiv gefärbt, daß sogar eine Farbe nach ihnen benannt ist, das Veilchenblau, und ihr Duft ist stark und innig. Mit wieviel Entzücken erfüllt es uns, wenn wir die ersten blauvioletten Farbflecken draußen entdecken! Wenn wir Veilchen finden, dann wird es uns zur Gewißheit: Jetzt kann es Frühling werden!

Schon bevor die Blüten kommen, findet man die kleinen, rundlichen Blättchen unten am Boden, die zunächst tütenförmig zusammengerollt sind. Dann kommt eines Tages der Augenblick, wo das erste Veilchen aus den grünen Blättchen herausblickt. Das alles macht die auferweckende Frühlingssonne!

Die Erde träumt schon lange, bevor es Veilchen gibt, in den blauen Himmel hinaus. Sie sehnt sich nach dem Frühlingshimmel. Wenn wir Menschen träumen, so bleiben unsere Träume in der Seele darinnen. Sie beglücken uns, oder sie können uns auch ängstigen, je nachdem. Wenn aber die Erde träumt, werden Blumen daraus. Jede Frühlingsblume ist ein anderer Erdentraum. Zunächst sind die Träume noch in den Erdentiefen, dann aber kommen sie an die Oberfläche; und man sieht auch, von was die Erde träumt. Sie träumt vom blauen Frühlingshimmel, von dem Leben im Frühlingssonnenlichte und von Frühlingsdüften. Genauso hat es der Dichter Eduard Mörike beschrieben:

Frühling läßt sein blaues Band
wieder flattern durch die Lüfte.
Süße, wohlbekannte Düfte
streifen ahnungsvoll das Land.
Veilchen träumen schon,
wollen balde kommen. –
Horch! von fern ein leiser Harfenton!
Frühling, ja du bist's!
Dich hab ich vernommen!

Damit Blumen aus den Sehnsuchtsträumen der Erde werden können, muß die Sonne mithelfen. Sie gibt die grünen Blätter dazu. Tief kann ja die Sonne im Monat März noch nicht in die Erde eindringen, denn sie steigt um diese Jahreszeit noch nicht hoch am Himmel empor. So reicht es denn gerade für so kleine, rundliche Blättchen und für so winzige, buckelige Blumenzwerge. Die aber haben es in sich! Farbigkeit und Duft sind wie auf einen Punkt zusammengezogen.

Ganz nahe sind die Veilchen an die Erde herangerückt. Sie sind etwas ganz anderes als etwa die Schneeglöckchen, Märzenbecher oder die Szilla, die ebenfalls blau aussieht, denn die Veilchen haben keine Zwiebeln, sie haben nur kurze, unterirdische Wurzelstöcke. Darum blühen sie auch nicht so stolz und prächtig wie eine Tulpe. An ihren Blättern erkennt man, daß sie Netzblättler und nicht der Tulpe, sondern der Rose verwandt sind. Die kleinen Veilchen haben einen ordentlichen, grünen Kelch und fünf farbige Blumenblättchen. Eines davon ist nach hinten ausgestülpt und in einen Nektarbehälter umgewandelt. Auch der Duft der Veilchen ist dem Rosenduft verwandt. Drum kommen sie uns ja auch so heimelig vor.

Die Botaniker nennen das Veilchen Viola, das bedeutet soviel wie Geige, weil die Veilchen etwas mit dem Lauschen und dem Tönen zu tun haben, mit Geigentönen und Harfentönen im Frühling. Das kommt nämlich davon her, daß Veilchen wie winzige Blumenöhrchen der Erde sind, mit denen sie träumend in den Frühlingshimmel hinauslauscht. Was sie da lauschend wahrnimmt, das sehen wir dann den Sommer über, wenn sie andere Blumen in großer Mannigfaltigkeit aus sich hervortreibt. Mit jeder offenbart sie ein anderes Geheimnis — demjenigen, der weise genug ist, es zu verstehen.

Sind die Veilchen dann verblüht, so wachsen sie noch eine Weile weiter wie andere Pflanzen auch. Sie bilden Samen und treiben Ausläufer. Fruchten wie die Rosen können sie natürlich nicht, wenn sie so wenig Zeit haben.

Die Schwestern der Veilchen sind die Stiefmütterchen. Sie sind schon größer und haben längere Stengel. Die Blattkraft, welche bei den Veilchen die grünen Laubblätter hervorruft, reicht bei den Stiefmütterchen bis in die Blüte hinein. Darum sind die Stiefmütterchen nicht bloße Öhrchen, sondern ganze Gesichter mit einer besonders schönen Haut. Beim Ackerstiefmütterchen kann man die Verwandtschaft mit den Veilchen immerhin noch erkennen, aber der Mensch hat das Gartenstiefmütterchen daraus gemacht mit den wunderbar samtigen, buntfarbigen Blumenblättern.

## *Was man an den Blättern des Hahnenfußes sehen kann*

Wenn die gelben Hahnenfüße, auch Butterblumen genannt, blühen, sind die Wiesen am allerschönsten. Man kann sich duftige Sträuße pflücken, in denen keine Farbe fehlt. Und wie licht und zart sie alle leuchten! Besonders wenn schon Glockenblumen dabei sind, hebt sich das satte Gelb des Hahnenfußes von dem Blau und Violett herrlich ab.

Die vielen verschiedenen Hahnenfußarten, die es gibt, kommen auch an ganz verschiedenen Standorten vor, manche nur im Gebirge, wie z. B. der Gletscherhahnenfuß, andere mehr auf sumpfigem Untergrunde oder gar im Wasser selbst, so daß nur die Blüten herausschauen wie beim flutenden Wasserhahnenfuß. Am häufigsten aber ist doch der scharfe Hahnenfuß. Er ist eine unserer allbekannten Wiesenblumen. Wenn er in voller Blüte steht, sieht man oft das Grün der Wiesen nicht mehr, so viele der dottergelben Blumenschüsselchen sind es. Scharfer Hahnenfuß heißt die Pflanze, weil ihre Blätter einen scharfen Geschmack haben und weil sie etwas giftig sind.

Man kann sehr viel lernen, wenn man diese Blätter aufmerksam betrachtet. Die untersten sehen nämlich anders aus als die obersten, so daß man eine interessante Stufenleiter bekommt, wenn man sie nebeneinander hinlegt. Zunächst wird es einem sofort klar, woher der Name Hahnenfuß kommt, denn diese handförmig zerteilten Blätter mit ihren Spitzen sind Hühnerfüßen vergleichbar. Gewöhnlich sind sie noch mit einer dunkelbraunen Zeichnung geziert.

Die untersten Blätter sind kleiner und haben einen fast rundlichen Umriß. Aber schon die nächsten, die an sehr langen Stielen sitzen, bilden deutliche Fünfecke. Ihre Blattflächen sind in fünf Hauptzipfel aufgespalten, deren jeder nochmals in kleinere Zipfel zerspalten ist. Dann kommen die Blätter, die am Stengel sitzen. Sie sehen zunächst fast genauso wie die vorhergehenden aus, nur daß sie viel kürzere Stiele haben. Je weiter sich aber die Blätter der Blüte nähern, um so einfacher und kleiner werden die Formen und um so mehr verschmälern sich ihre Zipfel. Zuletzt ist nur noch ein einziger, sehr kleiner Strahl übrig. Wüßte man es nicht, daß die obersten und die untersten Blätter des Hahnenfußes an einer und der-

*Blätterfolge vom scharfen Hahnenfuß*

selben Pflanze gewachsen sind, man könnte kaum glauben, daß sie zusammengehören.

So also macht es der scharfe Hahnenfuß, so verwandelt er seine Blätter! Er vereinfacht und verkleinert seine Stengelblätter, wenn er sich anschickt,

Blüten zu bilden. Wie anders aber sollte die Sonne es sonst auch fertigbringen, jene sattgelben Lichtlein anzuzünden?

Eine solche Umwandlung der Stengelblätter, wie man sie am scharfen Hahnenfuß beobachten kann, findet man auch bei vielen anderen Hahnenfußarten, je nachdem, wo sie wachsen. Der goldgelbe Hahnenfuß z. B. wächst besonders gerne an feuchten Stellen, auf feuchten Wiesen oder an Waldrändern. Außerdem ist er die erste Hahnenfußart des Frühlings, welche schon sehr zeitig zur Blüte gelangt. Darum muß er sich ganz besonders anstrengen, die rundlichen Blätter, welche zuerst kommen, in richtige Hahnenfußblätter umzuwandeln. Da muß er erst mehrere Versuche machen, und wenn es ihm endlich gelungen ist, dann kommt gleich die Sonne und will Blüten bilden. Sie zerschlitzt die Stengelblätter bis auf den Grund, so daß sie gehörig ausstrahlen. Noch viel mehr als beim scharfen Hahnenfuß sind darum beim goldgelben die Stengelblätter von den grundständigen verschieden, und noch viel mehr muß man sich wundern, daß so verschiedene Blattformen an einer Pflanze vorkommen können.

Daß die untersten Blätter so rundlich sind und daß sie so breite Flächen haben, das kommt von der Feuchtigkeit des nahen Erdbodens her. An der Sumpfdotterblume, welche dem Hahnenfuß nahe verwandt ist, sieht man es ja ganz deutlich, wie Blätter werden, wenn sehr viel Wasser in sie eindringt. Da wird die ganze Pflanze plump und schwerfällig. Sie bekommt fette, ungegliederte Blätter und dicke Stengel, welche sich zuletzt bequem auf den nassen Untergrund hinlagern. Wenn aber eine Pflanze aufrecht in die Höhe schießt und einen schlanken, verästelten Stengel bildet wie der Hahnenfuß, dann kann die lichtdurchstrahlte Luft tief in die Stengelblätter hineingreifen, sie zerspalten und zerschlitzen und ihnen Formen geben, die wie Blitze ausstrahlen. Am Hahnenfuß kann man das alles erkennen.

Aber die Blätter sind auch die Hauptsache am ganzen Hahnenfuß. Man kann sich denken, daß es die Sonne nicht schwer hat, an solch einer Frühlingsblätterpflanze herumzuformen. Hat doch der Hahnenfuß selbst die größte Lust dazu. Es gefällt ihm, immer neue Blattformen hervorzubringen. Das sieht man ganz deutlich an manchen Verwandten des Hahnenfußes, welche ihre Verwandlungskunst sogar auf die Blüten ausdehnen. Der Hahnenfuß selbst hat noch regelmäßige Blüten mit fünfteiliger Krone und einem ebensolchen Kelch, bei anderen Hahnenfußgewächsen aber,

*Goldgelber Hahnenfuß. Er ist die Hahnenfußart, wel=che als erste im Frühling ihre Blüten entfaltet. Die unteren Blätter sehen ganz anders aus als diejenigen, welche am Stengel sitzen.*

wie z. B. beim Rittersporn und beim Eisenhut, weiß man zuletzt gar nicht mehr, was nun eigentlich der Kelch ist und was die Krone, so sehr ist alles verwandelt. Sie sind kühne Verwandlungskünstler, diese Pflanzen. Manche haben Blüten, die fast wie geschwänzte Tiere aussehen, wie Kaulquappen und so ähnlich, welche sich nur deshalb — so kommt es einem vor — nicht fortbewegen können, weil sie an einem Blütenstiel angewach-

*Zwei Blätter der Sumpfdotterblume. Sie sehen wie große Lappen aus, denn die Pflanze wuchert im sumpfigen Grunde. So wird sie fett und ungestaltet.*

sen sind. So ist es z. B. beim Rittersporn und auch bei manchen Akeleiarten. Auch die Akelei ist ein Hahnenfußgewächs. Und doch besteht alles nur aus umgewandelten Blättern!

Auch die Buschwindröschen sind Hahnenfußgewächse. Man sieht die Verwandtschaft ja schon an den drei Blättchen der Blütenstengelchen. Sie haben nicht einmal einen Stiel. Nur die nichtblühenden Pflänzchen haben

Blattstiele. So wundert es einen denn auch gar nicht, daß die Buschwindröschenblüte nicht noch einmal einen grünen Kelch für sich hat, denn die grünen Stengelblätter haben ihn schon vorausgenommen. Wenn man richtig beobachtet, kann man eben manches verstehen.

### *Anemonen*

Sag, woher kommen
die schönen, die frommen,
die tausend und aber Millionen
weißgekleideter Anemonen.

„Wir sind die Kindlein, die abgeschieden
so frühe hienieden;
nun wohnen wir oben
im Vaterhause da droben."

Was tut ihr nun hier
im Waldesrevier,
ihr lieblichen Kleinen,
beim Frühlingserscheinen?

„Drum dürfen wir fort,
jedes an seinen Heimatort;
auf Ostern, da wird Vakanz gegeben,
drei Wochen lang welch ein Freudenleben!"

„Und drum sind wir hier
im Waldesrevier
alle weißgekleidet. Mägdlein wie Söhnlein
mit goldenen Krönlein."

Von dem schwäbischen Bauerndichter CHRISTIAN WAGNER

*Blatt vom Eisenhut*

*Blatt vom Rittersporn*

Mögen nun die Hahnenfüße auch noch so große Blattkünstler sein und mögen sie selbst ihre Blüten wie Zauberer verwandeln, so ist es doch mit ihnen zu Ende, sobald sie geblüht haben. Auch wenn die Wiesen nicht gemäht würden, müßten sie absterben, denn sie haben sich im Kraute erschöpft. Für wirkliche Früchte bleibt nichts mehr übrig. Wenn die Blüten ausgefallen sind, streckt der scharfe Hahnenfuß nur noch kleine Stachelbüschel an seinen Blütenstielen in die Höhe. Das sind die Samenstände des Hahnenfußes, welche aus den vielen Fruchtknoten der Blüten geworden sind.

# *Von der Brennessel*

Die Brennessel ist eine starke und zugleich wohltätige Pflanze. Auch wenn sie zunächst keinen besonders gewinnenden Eindruck auf uns macht und nichts Einschmeichelndes an sich hat, so ist sie dennoch verehrungswürdig. Man findet sie oft an Schuttplätzen, denn wo der Mensch den Erdboden in Unordnung gebracht hat, da kommt sie und bedeckt die Stelle mit ihrem dunklen Laub. Sie durchzieht den Untergrund mit ihren kriechenden Stengelteilen, und von Zeit zu Zeit sendet sie einen Blättersproß nach oben. Selbst im schlechtesten Boden hat sie noch kerngesunde und schön geformte Blättertriebe, und auch wo ihr wenig Sonnenlicht zukommt, behält sie doch ihr sattes Grün. Nur eine starke Pflanze kann solche Eigenschaften an sich haben.

Am liebsten gedeiht die Brennessel in der Nähe des Menschen. Sie folgt ihm bis in einsame Berghütten, ja selbst längst verlassene menschliche Ansiedlungen erkennt man noch an den Brennesseln, die dort wachsen. So findet man sie an Ruinen und ehemaligen Lagerstätten. In der freien Natur dagegen kommt die Brennessel viel seltener vor.

Man braucht sich eine Brennessel nur einmal richtig zu betrachten, um zu entdecken, wie *schön* sie doch eigentlich ist. Ihre Blätter sind in vier Reihen angeordnet, immer zwei stehen sich gegenüber. Das nächste Blattpaar bildet mit dem vorhergehenden ein Kreuz. Besonders deutlich sieht man die Blattstellung, wenn man einen Trieb von oben her betrachtet. Jedes Blatt der strengen Pflanze ist in eine Spitze ausgezogen und hat einen scharf gezähnten Rand.

Wer diese Blätter ansieht, der wird zur Vorsicht gemahnt, denn sie sind mit feinen, gläsernen Borsten besetzt, mit Brennhaaren. Die brechen bei Berührung ab und spießen sich in die Haut, so daß der ätzende Saft in die kleinen Wunden fließt. Aber es tut nur weh, ohne zu schaden, während es in fremden Ländern Nesselarten gibt, welche einen gleichzeitig vergiften, wenn sie brennen. Da hat unsere Brennessel doch ein unschädliches Feuer!

Sind die Nesseltriebe groß geworden, so blühen sie auch. Doch sind diese Blüten ganz unscheinbar und schmucklos. Die Brennessel ist ein

Windblütler wie Birke und Eiche, so können ihre Blüten weder buntfarbig sein, noch können sie Duft verströmen oder Nektar spenden. Es würde der Natur der Brennessel widersprechen, auffällig schön zu erscheinen, sie will all ihre Kraft in sich zurückhalten, denn so kann sie am besten zur Gesundung des Erdbodens beitragen, daß auch andere, weniger starke Pflanzen darauf wachsen können. Also ist es keineswegs etwa Schwäche, wenn die Brennessel statt feuriger Blumen, wie man sie ja eigentlich von ihr erwarten könnte, nur unscheinbar grüne Rispen aus ihren Stockwerken heraushängen läßt.

Die einen Brennesselbüsche haben nur Staubblüten, andere nur Stempelblüten, weil die Brennessel eine zweihäusige Pflanze ist. Stellt man sich in den Morgenstunden vor einen blühenden Brennesselbusch mit Staubblüten hin, so kann man ein merkwürdiges Schauspiel beobachten: Von Zeit zu Zeit kann man sehen, wie ein kleines Staubwölkchen auffliegt. Die Staubblüten platzen nämlich wie mit einer kleinen Explosion und schleudern ihren pulvertrockenen Blütenstaub mit einem Ruck in die Luft.

Erst wer die Tugenden der Brennessel kennengelernt hat, der kann auch begreifen, warum diese Pflanze so unscheinbar aussehen muß, und niemand sollte ihr böse sein, nur weil sie eine Nessel ist. Macht sie doch vieles gut, was der Mensch verdorben hat! Wie auf den Erdboden wirkt sie auch auf den Menschen sehr heilsam ein. So kann man aus den jungen Blättertrieben des Frühlings eine gute Suppe bereiten. Dann geht die reinigende Kraft der Pflanze in das Blut über und wirkt gesundend. In den scharf vierkantigen Stengeln sind nützliche Fasern enthalten. Schon wenn man einen alten Brennesselstengel oft hin- und herknickt, kommen sie heraus. Man kann sie mit der Hand zu einem festen Faden zusammendrehen. Früher sind Brennesseln als Faserpflanzen sogar angebaut, gesponnen und verwebt worden, denn Nesseltuch ist ein vorzügliches Gewebe. So vielseitig also sind die guten, nutzbringenden Eigenschaften dieser Pflanze!

Schließlich aber muß noch etwas ganz Besonderes zum Lobe der Brennessel angeführt werden. Es hängt wiederum damit zusammen, daß sie keine Blumen hat, obwohl sie so feurig ist: sie hält ihre Feuerkraft in sich zurück und möchte sie nicht nach außen vergeuden. Wenn aber Raupen von ihren Blättern fressen — und zwei unserer schönsten Tagfalter, der kleine Fuchs und das Pfauenauge, legen ihre Eier auf Brennesseln —, so nehmen diese mit ihrer Nahrung auch die Feuerkraft in sich auf. Wenn dann die Raupen ausgewachsen sind und sich verpuppt haben, schlüpfen die farbenprächtigen Falter aus.

Also kommen wir schließlich doch noch darauf, wo die Brennessel ihre bunten Blumen hat! Sie sind nur nicht an der Pflanze festgewachsen, sondern flattern als Schmetterlinge in der Luft herum. Die Puppen vom kleinen Fuchs und vom Tagpfauenauge sind gleichsam die Blütenknospen der Brennessel, denn was die Pflanze unvollendet läßt, das setzt der Schmetterling durch seine Entwicklung fort. Jedesmal, wenn wir uns am Anblick eines der feurigen Falter ergötzen, sollen wir darum auch der Brennessel gedenken.

Die Brennessel ist solchen Menschen vergleichbar, welche immerzu Gutes tun, ohne etwas davon merken zu lassen, weil sie weder Ruhm noch Ansehen ernten wollen. Ja, sie werden womöglich noch geringgeschätzt oder mißachtet wie die Brennessel und hinter manchen Prahler zurückgestellt. Wer sie aber richtig kennt, der muß von ihnen sagen, daß sie verehrungswürdig sind.

*Blätter der großen und der kleinen Brennessel*

# *Taube Nesseln*

Im Aufbau ihres grünen Sprosses gleicht die Taubnessel der Brennnessel. Auch sie hat die Nesselform mit den vier Blattreihen und dem scharf vierkantigen Stengel. Wer nicht genau hinsieht, der könnte Taubnesseln vielleicht manchmal mit jungen Brennesseltrieben verwechseln, zumal auch die Blätter beider Pflanzen eine gewisse Ähnlichkeit haben. Doch kommt in den Blättern auch deutlich zum Ausdruck, wie anders die Taubnessel ist als die Brennessel, daß sie sanfter, daß sie eine taube Nessel sein muß, eine Nessel, die einen nicht brennen kann. So fühlt sie sich an, und so duftet sie auch.

Man findet die Taubnesselbüsche oft an Gartenzäunen und in der Nähe feuchter Gemäuer, an Standorten also, wo es auch Brennesseln gibt. Aber die Taubnessel liebt den Schatten und die Kühle. Im Gegensatz zur Brennnessel, die sich gern durchglühen läßt, meidet sie solche Stellen, wo die Sonne unbarmherzig hinbrennt. In der Trockenheit gedeiht sie nur kümmerlich und wird eher kleiner als größer. Deshalb ist auch das feuchtere Frühjahr ihre beste Blütezeit. Die Taubnessel muß also doch wohl trotz aller Ähnlichkeit anders beschaffen sein als die feurige Brennessel!

Jeder kennt die weißen Taubnesselblüten, die wie Täubchen aneinandergeschmiegt in den Blattachseln hocken, auf jedem Stockwerk ein kleiner Schwarm. Man könnte meinen, daß die Taubnessel davon ihren Namen habe. Jede Blüte entspringt einem trichterförmigen, grünen Kelch mit fünf lang zugespitzten Zähnen. Zupft man eine ab, so kann man den süßen Nektar saugen, der unten in der Blumenröhre fließt. Den bildet die Taubnessel für die Hummeln, denn die Hummeln betrachten die Taubnesselblüten als ihre Honigtöpfe, und ohne die Hummeln, diese gutmütigen Brummer, wäre die Taubnessel überhaupt nicht verständlich.

Sie haben sich nämlich sehr gern, die Taubnesseln und die Hummeln. Die Hummel als freibewegliches Tier hat es gut, sie kann einfach zur Taubnessel hinkommen und sie besuchen; die Taubnessel aber ist festgewachsen. So bleibt ihr gar nichts weiter übrig, wenn sie so sehnsüchtig ist, als sich der Hummel entgegenzustrecken. Das tut die Taubnessel denn auch mit ihren vielen Blüten. Von allen Seiten können die Hummeln herankommen, also muß die Taubnessel auch nach allen Seiten hin Blüten richten. Sie möchte die Hummeln am liebsten umhüllen, umfangen. Mit ihrer Oberlippe, die wie ein Dach gebildet ist, umschließt sie den Rücken der Hummel. Staubgefäße und Griffel sind so gestellt, daß sie sich bogenförmig in das Blumendach der Oberlippe hineinschmiegen. So muß die saugende Hummel sowohl die vier Staubbeutel als auch die zweispaltige Narbe berühren. Man braucht nur einmal zusehen, wie sich eine Hummel, um den Nektar zu erlangen, in eine Taubnesselblüte hineinpreßt!

Die innere Blumenröhre der Taubnesselblüte nimmt den Kopf und den Rüssel des saugenden Insektes in sich auf. Aber auch den Beinen der Hummel kommt die Taubnessel entgegen. Sie bildet nämlich mit ihrer Unterlippe zwei Lappen, an denen sich die Hummel beim Saugen festhält. So paßt die Hummel ganz genau in die Taubnesselblüte hinein und weiß sich richtig zu benehmen, denn jeder Teil des Insektenkörpers findet dort seinen Platz wie in einem Gehäuse, welches zu ihm gehört. Das kommt natürlich nur daher, daß sich die Taubnessel mit ihren Blüten so sehnsüchtig der Hummel entgegenstreckt.

Blüten, welche so wie die Taubnesselblüte beschaffen sind, werden Lippenblütler genannt, denn sie bilden einen kleinen Blumenmund mit zwei Lippen, einer Oberlippe und einer Unterlippe. Mit ihren vielen Mündern spricht die Taubnessel nach allen Richtungen hin und hofft, daß eine Hummel komme, sie zu besuchen. Alle Blumen sprechen mit ihren Insekten, nur ist die Blumensprache anders als die Menschensprache. Man hört sie nicht mit den Ohren, aber man versteht sie, wenn man die Formen betrachtet.

Die Brennessel kann keine solche Sprache sprechen, weil sie kein Insektenblütler, sondern ein Windblütler ist. Sie hat ihr starkes Feuer in den Blättern und hütet es streng, damit nichts herauskomme. Bei der Taubnessel, dieser sanften, gütigen Pflanze, da kommt es heraus, und man kann es sehen, weil Blüten daraus geworden sind. Aber alles, was die Taubnessel in sich hat, kann nicht herausgekommen sein, etwas muß immerhin noch darinnengeblieben sein, denn sonst könnten die Blätter der Taubnessel nicht so ähnlich wie Blumen duften. Wie noch viel blumiger aber müßte der Taubnessel-Blätterduft sein, wenn die Taubnesseln nicht so kühl und so feucht stehen wollten, wenn sie sich stärker durchglühen ließen. So aber kann die Sonnenkraft nicht ganz hindurchdringen, und darum bleibt der Blätterduft der Taubnessel immer noch etwas dumpf und modrig.

Die Brennessel hat die spröden, spitzigen Brennhaare an ihren Blättern sitzen. Sie „sticht" einen, wenn man sie berührt, wie mit feinen Insektenstacheln. Das tut die Taubnessel nicht. Als sie sich nämlich der Hummel entgegenstreckte, sind ihre Brennstacheln mit auf das Insekt übergegangen. Sie sind am Hinterleibe des Tieres festgewachsen und fliegen nun mit in der Luft herum, denn die Hummeln sind die andere, die freibewegliche Hälfte der Taubnesseln. Es ist ganz klar, daß eine nichtbrennende, eine taube Pflanze zurückbleiben mußte. Nur die Form der Nessel ist noch beibehalten.

So hängen die Pflanzen untereinander und so hängen sie mit den Insekten zusammen. Eine Wunderwelt des Sichbegegnens und des Sichhingebens!

*Blatt der Brennessel*

*Blatt der Taubnessel*

## *Die Pflanzenfamilie der Lippenblütler*

Außer der Taubnessel gibt es noch sehr viele andere Lippenblütler. Man erkennnt sie außer an ihren Blüten auch an ihrer Nesselform, den vierkantigen Stengeln und der kreuzweis gegenständigen Anordnung der Blätter. Nur die Form der Blätter kann ganz anders sein als bei der Taubnessel.

Die Taubnessel ist die Mutter der Pflanzenfamilie der Lippenblütler, weil sie so sanft und so weich ist. Der Vater ist der in den warmen Mittelmeergebieten wildwachsende Rosmarinstrauch. Diese stattliche, bis mannshohe Holzpflanze zeichnet sich durch einen besonders edlen und kräftigen Duft ihrer nadelförmigen Blätter aus.

Viele Lippenblütler sind niedrige, ja zwergwüchsige Sträucher mit kleinen Blättern und Blüten. Man braucht ja nur an unseren Thymian, auch Quendel genannt, zu denken. Trotzdem er so klein ist, hat er dennoch verholzte Stengelteile, so daß man ihn eben als einen Zwergstrauch betrachten muß. Wenn er im Hochsommer auf den sonnigen Bergeshängen rötlich blüht und man sich mitten hineinlegt, summt und brummt es einem nur so um die Ohren. Viele Bienen durchschwärmen die warme Luft, und alles ist von süßem, ätherischem Duft erfüllt, den Blüten und Blätter gleichermaßen ausströmen.

Viel stärker als die Taubnessel werden diese Lippenblütler von der Sonne durchwärmt. Sie kommen ja auch an trockeneren Stellen vor und blühen später im Jahre. So kann die Sonne auch stärker in die Blätter eindringen und da drinnen ein feines Öl, das wie Blüten duftet, zubereiten, viel feiner und duftiger als bei der feuchten Taubnessel. Dafür können aber auch die Blüten nicht so groß werden, denn die Sonne wirkt so gewaltig, daß sie die Blütenkraft gar nicht erst richtig herauskommen läßt, sondern schon in den Blättern anfängt, Blütenstoffe zu bilden.

Bei jedem Lippenblütler muß man sich fragen, ob er der Taubnessel oder ob er dem Rosmarinstrauch ähnlicher sei. Die mehr taubnesselartigen Lippenblütler sind krautig und gedeihen lieber im Kühlen. Manche von ihnen, wie z. B. der Günsel und der Gundermann, sind Gewächse des feuchten Frühlings. Sie duften entweder überhaupt nicht oder doch so ähnlich wie Taubnesseln. Die anderen Lippenblütler sind die herrlich duftenden, zu denen die Zwergsträucher wie Thymian, Lavendel und Salbei gehören. Man findet sie dort, wo sie von der vollen Sonne getroffen werden können. Wie feurig viele von ihnen sind, das sieht man gleich ihren Blüten an, denn die bilden ganz wütend aufgesperrte Blumenmäulchen, aus welchen Staubgefäße und Griffel drohend hervorspringen, während doch die Taubnessel ein gutmütiges Gesicht hat. Die Pfefferminze gedeiht auf feuchtem Boden, manchmal sogar in nassen Gräben. Sie duftet frisch und kräftig. Aber an der kühlenden Wirkung des Pfefferminzduftes spürt man auch, daß die Pflanze im Wasser gewachsen ist.

*Vergrößerte Rosmarinblüte*

Einige Lippenblütler seien hier mit Namen genannt, je nachdem, ob sie mehr der Taubnessel oder mehr dem Rosmarin ähnlich sind.

| | |
|---|---|
| weiße Taubnessel | Rosmarin |
| gefleckte Taubnessel | Lavendel |
| gelbe Taubnessel | Gartensalbei |
| kleine Taubnessel | Thymian |
| Brunelle | Ysop |
| Gundermann | Majoran |
| Günsel | Pfefferminze |
| Hohlzahn | Dost |
| Ziest | Bohnenkraut |
| Wiesensalbei | Zitronenmelisse |

Auch wer nicht alle Pflanzen kennt, die hier genannt werden, wird doch immerhin aus der Übersicht ersehen können, daß unter den Lippenblütlern viele wertvolle Gewürzkräuter und auch wichtige Heilpflanzen zu finden sind. Die für den Menschen wichtigsten Arten stehen auf der Seite des Rosmarins. Sie übertragen die starke in ihnen wirkende Sonnenkraft auf den Menschen, wenn er ihrer bedarf.

## *Von der Vogelwicke*

Wicken sind Pflanzen, welche feste Stützen brauchen, an denen sie sich anklammern können. Wachsen sie z. B. in Getreidefeldern, wo sie oft als Unkraut vorkommen, so fassen sie mit ihren Wickelranken bald nach diesem, bald nach jenem Halme. Sie greifen herum wie einer, der im Schlafe halb träumend nach einem Gegenstande hintastet. Würden sie keine Stütze finden, so müßten sie gar kläglich am Boden liegen. Also wächst die Vogelwicke in dem Luftraume zwischen anderen Pflanzen. Sie ist keine Windepflanze wie die Bohne, denn sie umschlingt die fremde Stütze nicht mit ihrem Stengel, sie hängt sich freischwebend auf, indem sie sich ringsherum anklammert. Ihre Wickelranken sind ihre Hände, mit denen sie ihr luftiges Dasein befestigt. Wenn sie es könnte, so würde sie dazu lachen, denn sie ist ein gar lustiger Vogel. Beweglichkeit und Behendigkeit hat sie von der Luft bekommen. Wie ganz anders sie werden müßte, wenn sie fester auf der Erde stünde und einen geraden und steifen Stengel hätte! Das muß man sich nur einmal richtig vorstellen!

Die Wickelranken sind in Wirklichkeit nichts anderes als umgewandelte Blatteile. Man kommt darauf, wenn man eines der gefiederten Wickenblättchen vor sich hinlegt. Auch die Blattmittelrippe läuft in eine Wickelranke aus, und links und rechts davon gehen die Seitenranken ab, genau so wie weiter unten die Fiederblättchen. Zunächst sind die Ranken lang ausgestreckt, sobald sie aber etwas berühren, merkt es die Pflanze, rollt sie ein und wickelt sie fest um die Stütze. Wenn sie keine Stütze finden, werden sie zuletzt einfach schneckenförmig zusammengewickelt.

Die gewöhnlichen Pflanzen merken nur das Licht und wenden sich ihm zu, wie man an Zimmerpflanzen, die am Fenster stehen, oft beobachten kann, die Rankenpflanzen aber merken auch, wenn sie an etwas anstoßen.

Wenn sie blühen, hängen sie ihre blauvioletten Blütchen in einseitswendigen Ähren auf. Wie ein kleiner Tierschwarm sieht solch ein Blütenährchen der Vogelwicke aus. Die Einzelblüten öffnen sich nicht nach oben, sondern blicken nach der Seite — wie ein kleines Vögelchen. Jedes Blumenblatt hat einen anderen Namen bekommen, und diese Namen sind von lauter Gegenständen hergenommen, die von der Luft bewegt werden. Das

*Eine Vogelwicke. Wer dieses Blatt sieht, der muß sich sagen, daß solch eine Pflanze nicht allein stehen könnte. Sie muß sich festhalten. Deshalb läßt sie die Mittelrippen ihrer gefiederten Blättchen in Ranken auslaufen, ja, sie wandelt sogar die letzten Fiederblättchen in Wickelranken um, wie man deutlich erkennt. So viele Ranken hat sie, und überall möchte sie hintasten.*

größte ist nach oben geschlagen. Es bildet sozusagen das Gesicht der Blüte und heißt die Fahne. Eine Fahne kann im Winde flattern. Links und rechts davon spreizen sich zwei kleinere Blumenblätter, welche Flügel genannt werden. Die Flügel sind es, welche den Vogel durch die Luft tragen. Die beiden untersten Blumenblätter schließlich sind zu einem kahnförmigen Gebilde verwachsen, dem Schiffchen. Wenn die Blütezeit vorüber ist, dann fallen die Blüten nicht wie Rosenblüten aus, sondern sie welken einfach und werden mißfarbig, wie wenn das Vögelchen gestorben wäre.

Schon aus der Fünfzahl der Blütenteile kann man sehen, daß die Wicke zu den Rosenverwandten, zu den Netzblättlern gehören muß. Sie hat auch einen fünfteiligen grünen Kelch. Ferner weisen die gefiederten Blätter der Wicke auf die Rose hin. Aber der Unterschied von Rose und Vogelwicke ist dennoch sehr groß. Die Rose findet ihren Halt in sich selbst, die Wicke muß ihn anderswo suchen. Das kommt daher, daß die Rose aus der festen Erde herauswächst und daß der Stengel von der Erde seine Aufrichtekraft bekommt. Die Wicke wurzelt zwar ebenfalls in der Erde; dann aber übergibt sie sich ganz und gar der Luft und läßt sich von ihr durchdringen wie keine andere Pflanze. So wird sie zwar leicht und beweglich, aber sie verliert gleichzeitig ihre Aufrichtekraft.

Man nennt diejenigen Pflanzen, welche der Vogelwicke nahe verwandt sind und ihr im Blütenbau, oftmals auch in den Blattformen gleichen, die Hülsenfrüchtler oder Schmetterlingsblütler. Erbse, Bohne, Lupine, Klee, Ginster und falsche Akazie gehören zur Pflanzenfamilie der Schmetterlingsblütler, ebenso die Linse. Der Mensch sollte nicht so wie eine Vogelwicke werden, denn wenn es auch sehr lustig sein mag, so zu leben, so ist es doch nicht gut, wenn man fremde Stützen braucht, um sich aufrechtzuhalten.

## *Die Gräser und unser Brotgetreide*

Kräuter und Blumen, Bäume und Sträucher würden nicht ausreichen, den Leib der Erde völlig zu bekleiden, das Gras, der Rasen muß sich darüberziehen, ihre Nacktheit zu bedecken wie das Fell die Haut eines Tieres. Jeder Grashalm, der hervorsprießt, ist die Antwort der Erde auf einen Sonnenstrahl. Will man darum Gras auf einem Bilde andeuten, so genügen schon einfache Striche, die von der Erde zur Sonne weisen, denn das Gras hat nirgends eine breite Fläche, nur Linien, weil die Stengelkraft alles übertönt. Besonders merkwürdig aber ist es, daß die Gräser keine Blumen haben. Wohl wiegen sich Ähren und Rispen auf ihren schlanken Halmen im Winde, aber niemand hat je einen Grashalm gesehen, welcher eine farbige Blüte getragen hätte, und wäre sie auch noch so klein. In dieser Eigenart der Gräser liegt ein tiefes Naturgeheimnis beschlossen, welches auch für den Menschen von allergrößter Bedeutung ist.

Das Gras ist unverwüstlich. Es wächst fast das ganze Jahr hindurch, ohne besonderer Pflege zu bedürfen, und wo eine kahle Stelle entstanden ist, da hat es sich bald wieder darübergezogen. Nach dem Mähen einer Wiese sprießt es erneut aus den Wurzelstöcken hervor. Die Quecke treibt sogar unterirdische Ausläufer in die Breite, so daß man den Boden gründlich umgraben muß, wenn man sie ausrotten will.

Es muß eine sehr starke Lebenskraft sein, die die Sonne in die Erde hineinstrahlt, wenn sie Gräser entstehen läßt, und diese Kraft würde für viele herrliche Blumen ausreichen. Aber die Erde will es nicht, daß Blumen auf den Grashalmen wachsen, sie läßt diese Blumen unausgebildet und verwendet die Kraft für etwas ganz anderes. Nur was stengelartig ist, das läßt sie sprießen. Deshalb sind auch die Blätter des Grases so schmal und spitz.

Wie stark die Stengelkraft ist, das kann man gerade an diesen Grasblättern besonders deutlich erkennen. Versucht man nämlich, eines abzuzupfen, so reißt es nicht etwa dort ab, wo es zu entspringen scheint, sondern man zieht zunächst die lange Blattscheide herunter, in welche der Stengel eingewickelt ist. Oft ist die Blattscheide viel länger als das eigentliche Blatt. Man sieht daran, daß das Blatt erst ein Stück weit dem Stengel

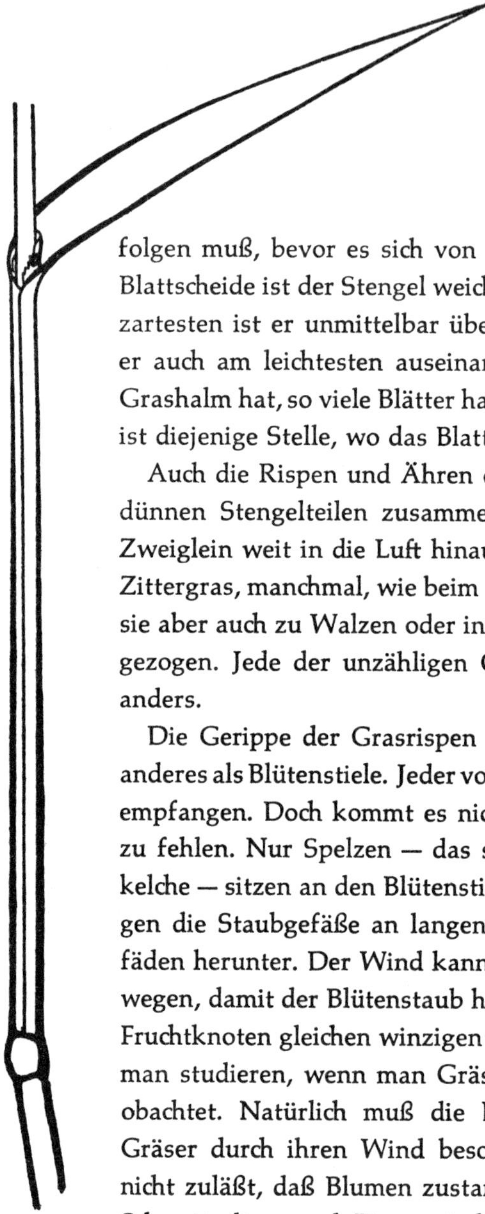

folgen muß, bevor es sich von ihm trennen kann. In der Blattscheide ist der Stengel weich und saftig geblieben. Am zartesten ist er unmittelbar über dem Knoten. Dort reißt er auch am leichtesten auseinander. So viele Knoten ein Grashalm hat, so viele Blätter hat er auch, denn der Knoten ist diejenige Stelle, wo das Blatt entspringt.

Auch die Rispen und Ähren der Gräser sind aus lauter dünnen Stengelteilen zusammengesetzt. Oft werden die Zweiglein weit in die Luft hinausgestreckt, wie z. B. beim Zittergras, manchmal, wie beim Wiesenfuchsschwanz, sind sie aber auch zu Walzen oder in dichte Knäuel zusammengezogen. Jede der unzähligen Grasarten macht es etwas anders.

Die Gerippe der Grasrispen und -ähren sind ja nichts anderes als Blütenstiele. Jeder von ihnen möchte eine Blume empfangen. Doch kommt es nicht dazu; da scheint etwas zu fehlen. Nur Spelzen — das sind verkümmerte Blütenkelche — sitzen an den Blütenstielen, und dazwischen hängen die Staubgefäße an langen und sehr dünnen Staubfäden herunter. Der Wind kann sie leicht hin und her bewegen, damit der Blütenstaub herausfällt. Die Narben der Fruchtknoten gleichen winzigen Federchen. Das alles kann man studieren, wenn man Gräser im Blütenzustande beobachtet. Natürlich muß die Erde die Bestäubung der Gräser durch ihren Wind besorgen lassen, wenn sie es nicht zuläßt, daß Blumen zustande kommen, denn weder Schmetterlinge noch Bienen noch andere Insekten besuchen die Grasblüten.

*Verschiedene Grasarten. Von links nach rechts: 1. Schilfgras. 2. Drahtschmiele oder geschlängelte Schmiele, ein Waldgras. 3. Knaulgras, überall zu finden. 4. Fioringras oder Straußgras. 5. Gefiederte Zwenke, ein Waldgras. 6. Pfeifengras, an feuchten, sumpfigen Stellen zu finden; der lange, blattlose Halm ist hier gekürzt worden. 7. Deutsches Weidelgras oder auch englisch Raygras genannt.*

Bevor nun das große Naturgeheimnis genannt werden soll, welches mit der Blumenlosigkeit der Gräser zusammenhängt, muß noch erwähnt werden, daß auch unsere sämtlichen Getreidearten, Weizen, Roggen,

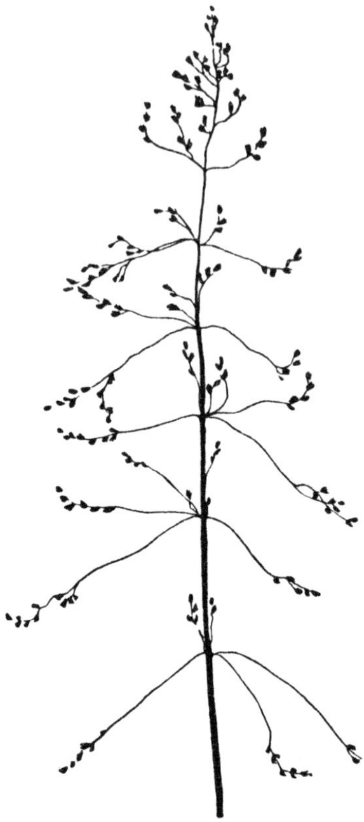

*Die Waldhirse*

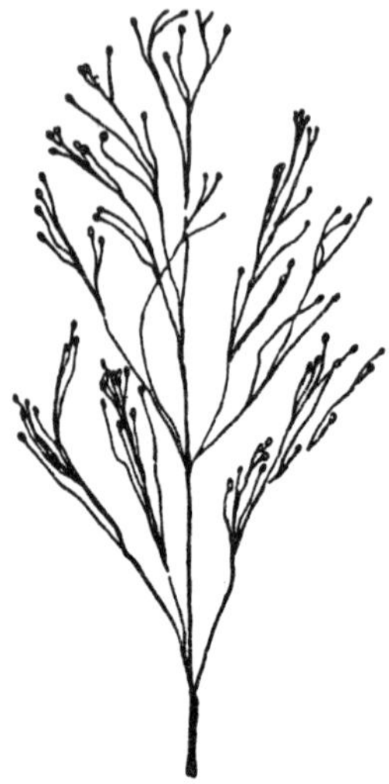

*Hirse*

*Reis*

Gerste, Hafer und Hirse, ja sogar der aus dem westlichen Erdteil herstammende Mais, sowie der Reis, welcher so vielen Millionen von Menschen die Nahrung gibt, zur Pflanzenfamilie der Gräser gehören. Schon in Urzeiten sind die Getreidearten aus wilden Grasarten herausgezüchtet worden. Das war eine große Kunst, die heute niemand mehr versteht, weil niemand mehr so tief in die Naturkräfte hineinschauen kann wie jene Weisen, welche die Anleitung zur Züchtung der Getreidearten gegeben haben.

Wie schön ist es doch, wenn der Wind über die Wiesen streicht, daß die Halme zittern oder gar, wenn er die Getreidefelder sich wiegen und wogen läßt, daß die Ähren sich neigen und wieder aufrichten. Dann ist es, wie wenn man am Meere stünde, wo eine Woge der anderen folgt. Der Wind ist es ja auch, der den Blütenstaub aus den Ähren schüttelt und ihn dann über die Felder trägt in den frühen Morgenstunden. Wie ein feines Klingen glaubt man zu vernehmen. Und wenn die Wiesen gemäht werden und das frische Heu duftet, wer sollte da nicht mit Dankbarkeit erfüllt werden! Das Vieh sogar duftet noch, wenn es in den Stall zurückkehrt.

Das Getreidekorn ist der Same und gleichzeitig auch die ganze Frucht der Getreidepflanze. Man kann die Körner in die Erde legen, dann wächst eine neue Pflanze daraus hervor, man kann sie aber auch mahlen und im Brote verbacken, dann ernähren sie uns. Bei den wilden Gräsern ist die Samenfrucht nur klein und noch wenig nütze; es mußten erst Sorten mit größeren und nahrhafteren Körnern entstehen.

Hat man sich nun richtig klargemacht, was es eigentlich heißt, daß solch lebenskräftige Pflanzen wie die Gräser mit so unverwüstlichem Wachstum keine Blumen bilden, so versteht man auch, wieviel Kraft ihnen erhalten bleiben muß. Die speichern sie in ihren Samenfrüchten auf, und wir können davon essen. Keimkraft also ist es, die uns auferbaut. Was auch sollten wir als unser tägliches Brot essen, wenn es den Gräsern nicht versagt wäre, das Schönste, was die Pflanze an sich hat, die Blume, auszubilden? Darauf muß die Getreidepflanze verzichten, damit wir uns ernähren können. Ein rechtes Geschenk der Erde ist die alljährliche Getreideernte, und wie dankbar wir dafür sein müssen! Wieviel Segen muß aber auch die Sonne dazugeben, damit durch die vielen Sommertage hindurch die Frucht reifen, die Ähren sich bräunen können. Wahrlich, es ziemt dem Menschen, diese Gottesgeschenke zu achten und zu verehren!

Wir essen das Brot und nehmen die nährende Kraft des Kornes in unser Blut auf. Dort aber verwandelt sie sich. Sie wird schließlich doch noch zu

*Spruch vor Tisch*

Erde, die uns dies gebracht,
Sonne, die es reif gemacht,
liebe Sonne, liebe Erde,
euer nie vergessen werde!

CHRISTIAN MORGENSTERN

Blumen, zu roten Rosen. Die hat der Mensch in seinem Blute. Je edler und reiner er ist, um so schöner blühen die Rosen in seinem Blute. Blut und Blüte sind die gleichen Worte. Zwar kann man mit leiblichen Augen die Rosen im Blute nicht sehen, dennoch sind sie vorhanden.

Schließlich aber muß auch des gewöhnlichen Grases gedacht werden, welches das Vieh auf der Weide findet oder in die Krippe gelegt bekommt. Auch seine Wachstumskraft macht im tierischen Leibe eine Verwandlung durch. Sie wird zur Milch und zum Fleisch, welche uns zur Nahrung dienen.

Es ist dafür gesorgt, daß unsere Getreidearten auf den Feldern nicht gänzlich ohne Schmuck und Zierde dastehen müssen. Kornblumen, Mohn, Kornraden und viele andere schöne Blumen sind in die Saaten eingestreut. So ist dem Getreide doch wenigstens noch als Unkraut beigegeben, was ihm sonst versagt ist. Die Erde strebt danach, die Gegensätze auszugleichen und es nirgends an Schönheit fehlen zu lassen.

### *Rätsel*

Die Getreide stritten dereinst miteinander,
welches vor den andern seine Ähren
bräunen und reif werden lassen sollte.
Da ließ sie Gottvater nacheinander
ihre Namen in den Wald hineinrufen
und sagte es ihnen durch das Echo,
welches den Anfang machen sollte.

# *Vom Kohl und der Pflanzenfamilie der Kreuzblütler*

Es muß schon eine merkwürdige Pflanze sein, die sich so wie der Kohl verwandeln kann, daß sie uns in so vielerlei Gestalt entgegentritt. Der Mensch durch seine Künste hat sie dazu gebracht, bald diesen, bald jenen Teil besonders üppig auszubilden, denn von selbst würde die Kohlpflanze kein solches Aussehen annehmen, wie wir sie auf Feldern und in Gärten finden. Andererseits würde der Mensch mit seinen Züchtungsversuchen keinen Erfolg gehabt haben, wenn nicht der Kohl die Anlage zur Verwandlung schon in sich trüge.

Sie läßt sich mästen, die Kohlpflanze. Wenn sie eine gewisse Größe erreicht hat, wächst sie plötzlich nicht mehr so weiter wie eine gewöhnliche Pflanze. Beim Kohlrabi z. B. staut sich das Wachstum im Stengel, so daß er zur Kugel anschwillt, anstatt sich, wie es sich eigentlich gehörte, in die Länge zu strecken. Zwar kommt es auch bei anderen Pflanzen vor, daß sie dick und rund werden, z. B. beim Kürbis; wenn es aber eine Pflanze fertigbringt, an allen möglichen Teilen fett zu werden, nur dort nicht, wo man es erwarten sollte, in der Frucht nämlich, so muß man das schon als eine höchst merkwürdige Sache betrachten.

Man braucht sich nur aufzuzählen, welche Teile der Pflanze es gibt, und sich dann zu überlegen, was aus einer Pflanze werden muß, wenn die Wachstumskraft dahinein gelenkt wird, so kommt jedesmal eine andere Kohlart heraus. Er ist eben ein Tausendkünstler, dieser Kohl! Wird die *Pfahlwurzel* groß und mächtig, so entsteht die *Kohlrübe,* verdickt sich dagegen der *Stengel,* so gibt es den drolligen *Kohlrabi,* an welchem die Blätter genau wie an einem Stengel daransitzen, ja, man erkennt sogar, daß sie in einer Schraubenlinie angeordnet sind. Geht die wuchernde Kraft der Kohlpflanze in die *Blätter* hinein, so daß diese sich kräuseln müssen, weil die glatte Fläche nicht mehr ausreicht, dann kommt der *Grünkohl* oder *Winterkohl* heraus, der erst einmal ordentlich durchgefroren sein muß, wenn er gut schmecken soll. Entwickelt sich aber die *Knospe* am Ende des Stengels zu gewaltiger Größe, so wird sie zum Kohlkopf, zum *Weißkohl,* zum *Rotkohl* oder zum *Wirsing.* Aber damit sind noch längst nicht alle Möglichkeiten erschöpft. Die Kohlpflanze hat ja in den Achseln ihrer Stengelblätter die *Augen,* aus denen Seitentriebe hervorsprossen würden, wenn die Pflanze sich verzweigen wollte. Diese Augen können groß und üppig werden wie Röschen, da haben wir den *Rosenkohl.*

Man meint vielleicht, es gäbe nun keine Möglichkeit der Verwandlung weiter, und doch ist noch eine zu nennen: der *Blumenkohl.* Er entsteht, wenn der *Blütenstand* fett und fleischig wird, statt sich auszustrecken. Bricht man einen Blumenkohl auseinander, so sieht man die Verästelungen — genau wie bei einem richtigen Blütenstande —, und auch die unzähligen Blütenknospen sind auf der Oberfläche deutlich zu erkennen. Wird der Blumenkohl nicht rechtzeitig abgeschnitten, so kann es passieren, daß er in die Höhe schießt, ans Licht kommt und sich in einen besenförmigen Blütenbusch verwandelt. Dies zu verhüten, muß man die grünen Kohlblätter nach innen umknicken, so daß sie den Blumenkohl zudecken und kein Sonnenlicht darauf scheinen lassen. So bleibt er bleich und fleischig.

In jedem Teil der Kohlpflanze also kann sich die Wachstumskraft stauen. Jedesmal wird eine andere Kohlart daraus, und man kann sich keine weiteren Möglichkeiten mehr ausdenken.

| | |
|---|---|
| Blütenstand | Blumenkohl |
| Stengel | Kohlrabi |
| Blätter | Grünkohl |
| Augen | Rosenkohl |
| Stengelknospen | Kohlkopf |
| Pfahlwurzel | Kohlrübe |

In Bauerngärten, wo sie zwecks Samenbildung stehen gelassen werden, kann man Kohlpflanzen, z. B. Kohlrabi, oft im blühenden Zustande sehen, denn im zweiten Jahre bricht der Blütenstengel durch. Er trägt schwefelgelbe Kreuzblüten. Sowohl an den Blüten wie auch an den charakteristischen Blütenständen kann man den Kohl und seine schier unzähligen Verwandten leicht erkennen. Man nennt diese Pflanzenfamilie die Kreuzblütler, denn alle haben vier in ein Kreuz gestellte Blütenblätter, vier längere und zwei kürzere Staubgefäße, außerdem einen vierblättrigen Kelch und einen einfachen, oberständigen Fruchtknoten. Wer den Blütenstand oder den Fruchtstand einer Kohlpflanze einmal richtig angesehen

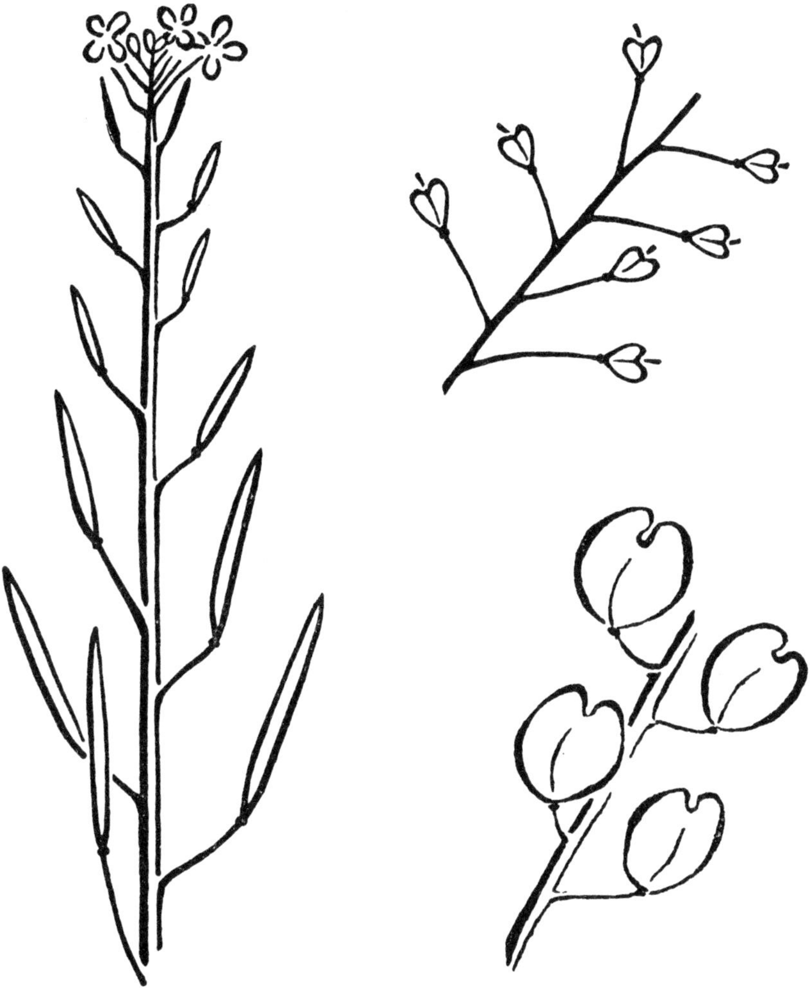

*Links Blüten- und Fruchtstand, wie er bei sehr vielen Kreuzblütlern vorkommt. Der Stengel blüht oben immer weiter, während unten schon die Früchte reifen. Rechts oben Stück eines Fruchtstandes vom Hirtentäschelkraut, unten vom Hellerkraut.*

hat, der wird auch andere Kreuzblütler leicht an ihren Blütenständen erkennen, denn alle sind sich gleich. Sie blühen oben immer weiter, während unten schon die Früchte, die Schoten nämlich, reifen. Nach allen Seiten werden sie abgestreckt wie die Kerzen eines Leuchters. Mögen sie nun lang und walzenförmig geformt sein wie beim Kohl oder blattförmig wie beim Silberblatt, oder mögen sie klein und herzförmig sein wie beim Hirtentäschelkraut, ihre Anordnung am Blütenstande ist immer dieselbe. Ein ausgewachsener Stengel ist von unten bis oben damit besetzt. Bedenkt man nun, daß in jeder Schote sehr viele Samenkörner stecken, so kann man sich ausrechnen, wie ungeheuer viele Samen eine einzige Pflanze hervorbringen muß. Manche Kreuzblütler bilden den Samen wie Sand am Meere. So ist z. B. vom Hirtentäschelkraut ausgerechnet worden, daß eine einzige Pflanze 60 000 Samen erzeugen kann. Darum können sich auch die Kreuzblütler so gewaltig ausbreiten und als Ackerunkräuter so lästig werden, wie z. B. der Hedrich und der Ackersenf. Fleischige Früchte bilden die Kreuzblütler in ihren Blüten nicht aus. Aber der Kohl fruchtet ja schon vorher im Stengel, im Kraute, in der Wurzel oder im unentwickelten Blütenstande. Dadurch wird er zum Gemüse. Je nachdem, um welche Kohlart es sich handelt, ist das Fruchten anderswohin verlagert worden.

Sind nun auch alle Kohlarten aufgezählt worden, so sind damit noch längst nicht alle Nutzpflanzen aus der Familie der Kreuzblütler beim Namen genannt. Da wären z. B. noch der Rettich und das Radieschen als Brüder der Kohlrübe aufzuführen; denn wie bei der Kohlrübe, so ist auch bei diesen die Pfahlwurzel verdickt. Man schmeckt es gleich, daß sie etwas mit dem Kohl zu tun haben müssen, denn es haftet ihnen jene beißende Schärfe an, die wir, wenn auch viel schwächer, von den Kohlblättern her kennen. Die gleiche Schärfe haben die Blätter der Brunnenkresse in sich, die ebenfalls zu den Kreuzblütlern gehört.

Wieder bei anderen Kreuzblütlern hat es der Mensch auf die Samen abgesehen. So wird der Raps angebaut, weil in seinen Samenkörnern ein wertvolles Öl enthalten ist. Auch die Senfpflanze liefert uns nutzbare Samenkörner. Wir schätzen sie wegen ihrer Schärfe, nicht wegen des fetten Öles.

Es ist die Kraft des *Schwefels,* welche auch vielen Kreuzblütlern ihre Schärfe verleiht, mag sie nun wie beim Rettich vorwiegend in der Wurzel oder wie bei der Brunnenkresse in den Blättern oder wie beim Senf in den Samen enthalten sein. Die Chemiker haben nachgewiesen, daß in allen scharfschmeckenden Kreuzblütlerstoffen der Schwefel vorkommt. Beim milderen Raps kommt das Schwefelige als besonders rein und herrlich leuchtende schwefelgelbe Blütenfarbe zum Vorschein, während der Rettich und das Radieschen nur weißlich blühen, weil sie ihre ganze Schwefelkraft in der Pfahlwurzel zusammengezogen haben. Bei der behäbig wuchernden, wäßrigen Kohlpflanze ist die Schwefelkraft nur abgeschwächt vorhanden. Es ist da, wie wenn man glühendes Eisen in kaltes Wasser taucht. Da brennt es nicht mehr. Immerhin kann man die Schwefelstoffe schmekken, und man nimmt sie auch durch den Geruch wahr, wenn Kohl gekocht wird. Wenn Kohl im Keller verdirbt, so daß er anfängt zu faulen und zu gären, kann er einen solchen Gestank verbreiten, daß man es kaum ertragen kann. Auch dieser Geruch kommt nur von dem in den Kohlblättern enthaltenen Schwefel her.

Einige Kreuzblütler schließlich machen es ganz anders als die bisher erwähnten Nutzpflanzen. Sie wollen statt der innerlich wirkenden Schwefelkraft lieber schön duftende Blumen haben. So gehören der Goldlack und die Levkoje, zwei unserer schönsten Zierpflanzen, zur Familie der Kreuzblütler. Niemand, der es nicht schon vorher gewußt hat, wird darauf kommen, daß sie mit dem Kohl und dem Rettich verwandt sind, wenn er sie nicht am Blütenbau oder an den Fruchtständen erkennt. So hat jede Pflanze ihre Eigenart und ihre besonderen Vorzüge. Die eine möchte sie nach außen zeigen, die andere läßt sie in ihren Stoffen wirksam werden; aber keine ist deshalb geringer zu schätzen, weil sie es nicht so wie die anderen macht.

## *Eine Familie von Gewürzkräutern und Giftpflanzen*

Nicht allen Pflanzen, die miteinander verwandt sind, kann man dies schon äußerlich ansehen; doch denjenigen, die jetzt besprochen werden sollen, den *Doldengewächsen*, sieht man es deutlich an. Petersilie, Fenchel, Anis, Koriander, Kerbel, Kümmel, Dill, Liebstöckl und Sellerie sind Kräuter, deren Namen wohl jeder schon einmal hat nennen hören. Dill und Fenchel z. B. machen den Salat so kräftig und wohlschmeckend; auch zum Einlegen der Gurken werden sie als Gewürze genommen. Bald sind es die Blätter, welche man verwendet, bald die trockenen Früchtchen, wie z. B. beim Kümmel und Koriander. Aber auch manche Wurzeln können gegessen werden, so z. B. vom Sellerie und vom Pastinak. Selbst von der Petersilie kann man die Wurzeln als Gemüse verwenden. Das wichtigste Wurzelgemüse aber aus der Familie der Doldengewächse ist die gelbe Rübe oder Möhre. Weiß man einmal, zu welcher Pflanzenfamilie sie gehört, so schmeckt man auch, daß sie den vorhergenannten Gewürzkräutern nahestehen muß, selbst wenn jemand noch nicht gesehen haben sollte, wie gelbe Rüben blühen und wie die anderen erwähnten Pflanzen blühen.

Vergleicht man erst die Blätter miteinander, so ist die Ähnlichkeit so auffällig, daß man sie gar nicht übersehen kann. Manche ähneln sich ja so sehr, daß man überhaupt erst lernen muß, sie richtig zu unterscheiden. Daß sie verwandt sein müssen, sieht man auch dann auf den ersten Blick, wenn man noch kein großer Botaniker geworden ist. Den Doldengewächsen oder Schirmblütlern gehören aber auch viele giftige Pflanzen an. Manche sind so gefährlich wie der Schierling, andere sind zwar weniger giftig, aber doch immerhin so schädlich, daß sie als Nahrung für den Menschen nicht verwendet werden können.

Der Schierling, auch gefleckter Schierling genannt, weil es noch den ebenfalls sehr giftigen Wasserschierling gibt, kann an seinen hohlen Blattstielen, den rotgefleckten Stengeln, die fast aussehen, als ob sie mit Blut besprengt wären, und dem mäuseartigen Geruch erkannt werden. Die eiförmigen Früchtchen sind wellig gerippt. Natürlich können hier nicht alle

*Die giftige Hundspetersilie*

giftigen Doldengewächse beschrieben werden; nur die Hundspetersilie, auch Gartenschierling genannt, soll wenigstens noch erwähnt werden, weil sie überall vorkommt.

*Wedel vom Adlerfarn*

Solange die Doldengewächse noch keine Blüten, sondern nur Blätter haben, kann man sie leicht mit Farnkräutern verwechseln, denn beide Pflanzengruppen zeichnen sich durch große, in viele, oft geradezu unendlich viele kleine Zipfel aufgeteilte Blätter aus. Sobald aber Blüten

*Blatt vom Knolligen Kälberkropf,*
*eines Doldengewächses*

zum Vorschein kommen, kann man nicht mehr im Zweifel darüber sein, welche Blätter zu einem Farnkraut gehören und welche zu einem Doldengewächs, denn ein Farnkraut blüht ja, wie wir wissen, überhaupt nicht.

*Giersch oder Geißfuß*

Eine allbekannte Doldenpflanze ist der Giersch oder Geißfuß. Er wächst in Gärten als schwer auszurottendes Unkraut, weil er nicht wie die meisten Doldengewächse eine Pfahlwurzel, sondern kriechende Wurzelstöcke hat. Seine Blätter, die ein sehr gutes Wildgemüse bilden, wenn sie jung gepflückt werden, sind nicht so fein zergliedert und zerschlitzt wie bei den meisten anderen Doldengewächsen.

Die Doldengewächse heißen nach ihren Blütenständen, den Dolden. Eine Dolde ist es, wenn viele Blütenstiele von einem Punkte ausstrahlen, ja, die Doldengewächse haben sogar meistens zusammengesetzte Dolden, was bedeutet, daß jeder Doldenstrahl an seiner Spitze nochmals eine kleine Dolde bildet. Es ist klar, daß eine zusammengesetzte Dolde dann sehr viele Strahlen haben muß und darum auch sehr viele kleine Blüten und Früchte. Sie breiten sich wie ein Schirm aus, weshalb die Doldengewächse ja auch Schirmblütler genannt werden. Jede Einzelblüte hat fünf Blättchen, fünf Staubgefäße und zwei Griffel in der Mitte. Der grüne Kelch ist meistens so klein, daß man ihn erst suchen muß. Unter der Blütenhülle befindet sich der Fruchtknoten. Er zerspringt oder zerfällt bei der Reife in zwei trockene Samenfrüchtchen. Niemals kann ein Doldengewächs eine fleischige Frucht bilden, und sei es auch nur eine ganz kleine.

Bei manchen Doldengewächsen sind die Blüten so klein, daß man zunächst gar nicht merkt, daß sie schon geöffnet sind. So ist es z. B. beim Dill und beim Liebstöckel. Nur weil so viele in einer Dolde vereinigt sind, machen sie überhaupt einen Eindruck. Aber die Insekten haben es doch herausgekriegt. Das kommt daher, daß die Blüten duften und auch süßen Nektar ausscheiden. Alle möglichen Käfer, aber auch Fliegen, Bienen und Schmetterlinge, manchmal sogar Schnecken, kriechen auf den Dolden herum und schlürfen und naschen. Niemand ist von dem gedeckten Tisch ausgeschlossen, weil es ja auch keine Kunst ist, dahin zu gelangen und die Honigtöpfe zu finden. So machen es also die Doldengewächse anders als

Nelken, Rosen und Lilien. Sie machen aus sehr vielen ganz kleinen Einzelblüten einen großen Blütenteller, der dann doch wie *eine* Blüte aussieht.

Oft sind die Einzelblüten fast in einer Scheibe ausgebreitet, manchmal ist die Scheibe auch gewölbt, nach oben oder nach unten. Beim Liebstöckel, wo sie noch außerdem merkwürdig klein ist, wenn man nämlich die große, mannshohe Pflanze dagegenhält, ist die Dolde fast wie eine Kuppel gebogen. Jedes Doldengewächs macht es eben etwas anders, und doch sind alle Dolden nach ein und demselben Muster gebaut.

Bei der wilden Möhre, die im Sommer fast überall auf den Wiesen wächst, kann man noch etwas ganz Besonderes beobachten. Erstens ist genau in der Mitte der großen Dolde eine einzige schwarze Blüte, die aber niemals aufgeht, und zweitens schließt sich die Dolde, sobald die Blütezeit vorüber ist und die Samen reifen, indem sich die Doldenstiele über der Mitte der Dolde zusammenneigen. Also macht es die wilde Möhre mit ihrer Dolde so ähnlich, wie es viele Pflanzen mit ihren Blüten machen, wenn sie sich nach der Blütezeit wieder schließen. Man sieht auch daraus wieder, daß eine Dolde, trotzdem sie aus vielen kleinen Blüten zusammengesetzt ist, doch eigentlich wie *eine* große Blüte ist. Die Insekten, die hinkommen, denken es ebenfalls.

Und dennoch — mögen nun auch in einer Dolde sehr viele Blüten vereinigt sein, so ist sie doch keine wirkliche Blume. Ja, viele Doldenblüten kommen einem wie verkümmert vor.

Ein Botaniker muß sich nun fragen, ob eine Blütenpflanze, welche so schöne Blätter bilden kann, denn nicht doch irgendwo verborgen hat, was an den Blüten fehlt. Die Blütenfarben der Doldengewächse sind ja auch nicht so schön, so auffällig und so leuchtend oder gar grell wie bei vielen anderen Pflanzen. Meistens sind sie einfach weißlich, sie können aber auch rötlich, grünlichgelb oder grünlich sein. Manchmal sind die am Rande der Dolde stehenden Blütenblätter vergrößert. So ist es z. B. schon ganz deutlich beim Bärenklau, der bis in den Herbst hinein auf den Wiesen zu sehen ist. Man denkt dann, solch ein Doldengewächs möchte am liebsten aus der ganzen, vielblütigen Dolde *eine* Blüte machen; aber es gelingt den Doldengewächsen doch nicht, und immer wieder drängt sich einem die Frage auf, wo denn die Doldengewächse ihre Blütenkraft nun eigentlich versteckt haben. Sehen kann man nichts davon; bedenkt man aber, daß

*Echter Pastinak*

*Rauhhaariger Kälberkropf, ein Doldengewächs wie so viele ähnliche andere*

der würzige Duft weniger in die Blüten als in Blätter, in Stengel, ja sogar, wie z. B. beim Sellerie, bei der Möhre und der Petersilie, bis in die Pfahlwurzel hinunterreicht, dann kommt man darauf, daß dieser feine, würzige Duft oder Geschmack vielleicht doch nichts anderes als umgewandelte Blütenkraft ist. Je weiter das Würzige nach unten in die Wurzel vordringt, um so salzähnlicher wird es, weil in der Erde ja doch das Salzige zu Hause ist. Der Ausdruck „würzig" ist ja sogar von Wurzel hergenommen.

Jetzt ahnen wir auch, warum die Doldenblüten zwar würzig duften, warum sie aber keine blumigen Düfte haben. Die Duftkraft ist nach unten gezogen, darum kann sie natürlich oben nicht mehr richtig ausreichen, wie ja auch die Blütenfarben abgeschwächt worden sind.

Die Stoffe, welche in den Samenfrüchtchen, in Blättern, Stengeln und Wurzelstöcken der Doldengewächse verborgen sind, werden ätherische Öle genannt; aber auch Harze und Balsamstoffe sind in den Doldengewächsen enthalten. Man muß die Pflanze erst zerreiben, kauen, kochen oder sie einfach als Gewürz verwenden, wenn der kräftige Duft oder Geschmack herauskommen soll. Es ist bei vielen Pflanzen eben so ähnlich wie bei manchen Menschen: wie oft denkt man nicht, daß jemand doch recht wenig in sich hat, und dann merkt man, daß er mit den allerbesten Eigenschaften ausgezeichnet ist, nur sind sie tiefer verborgen und daher wenig auffällig.

## *Vom Löwenzahn*

Habt ihr von dem lustigen Ding gehört?
Kaum hat er die Sonne ausgelöscht,
da schickt er schon die Sterne fort.
Und nun — o weh — ist ihm die Milch
bitter geworden!

Diese Pflanze ist allen Kindern wohlbekannt, nicht nur wegen der herrlich leuchtenden Sonnenblüten, sondern auch, weil man aus den hohlen Stielen manches machen kann: Ketten, Wasserleitungen usw. Die Löwenzahnblumen erscheinen schon im Monat Mai, weshalb die Pflanze auch Maiblume genannt wird. Etwas später haben sie sich dann in die weißen Laternen oder, wie manche auch sagen, in Pusteblumen verwandelt, denn wenn man hineinbläst, fliegen viele kleine Fallschirme lustig von dannen. Das sind die Früchtchen vom Löwenzahn. An jedem Fallschirmchen hängt unten ein kleines Samenkorn daran.

Weniger als die Kinder lieben die Gärtner den Löwenzahn, denn er wächst oft, wo er nicht erwünscht ist, und verbreitet sich weithin, so daß man gar nicht herauskriegt, wo er nun eigentlich herkommt. Das macht natürlich der Bruder Wind, der die Fallschirme fortträgt. Will man eine Löwenzahnpflanze herausreißen, so hält man gewöhnlich nur die Blätter in der Hand, und die lange Pfahlwurzel, die sehr tief in die Erde hinabreicht, die bleibt stecken. So hat man gar nichts ausgerichtet, wenn man nicht den Spaten zu Hilfe nimmt. Jeder weiß, daß die Löwenzahnstiele, aber auch Blätter und Wurzeln, einen weißen Milchsaft enthalten. Schon wenn man eine Blüte abpflückt, tropft es heraus. Er schmeckt bitter und macht fleckige Finger.

Der Löwenzahn gehört zu den Körbchenblütlern. Dieser Name kommt davon her, daß die Blütenköpfchen fast wie ein Körbchen aussehen, in welche viele kleine Blumen hineingesteckt sind. Zunächst kommt man ja nicht darauf, daß es ganze Blüten sind, welche da in den Löwenzahnköpfchen in großer Zahl beisammenstehen und die strahlenden Sonnenwirbel ausmachen, man hält sie einfach für Blumenblätter. Das sind sie aber nicht, denn wenn man eines der vermeintlichen Blumenblättchen herauszupft, sieht man, daß es unten in ein kleines Röhrchen übergeht. Oben ist das Rohr aufgeschlitzt und zur Zunge oder zum Strahl ausgebreitet. Da in dem Blumenröhrchen Staubgefäße, Griffel und Narben zu finden sind und da unten sogar ein kleiner Fruchtknoten daranhängt, muß man das Ganze als eine zwar sehr kleine, aber doch vollständige Blüte betrachten. Nur besondere Kelche haben diese Einzelblüten nicht. Sie haben ihre Kelche alle zusammengegeben, damit das Köpfchen einen großen Kelch bekommen kann. Der sieht grün aus und heißt der Hüllkelch des Köpfchens. So ist es bei allen Körbchenblütlern oder Köpfchenblütlern. Beim Löwenzahn sind an derselben Stelle der Einzelblüten, wo eigentlich die Kelche sein müßten, feine Haarkrönchen. Die vergrößern sich später und werden die Fallschirmchen.

Wie aber kann solch ein Blütenköpfchen überhaupt zustande kommen? Da muß die Sonne kräftig mithelfen, sonst geht es nicht. Zunächst fängt die Erde an, indem sie sich ausstülpt, gerade als ob sie einen Baumstamm bilden wollte. Soweit kommt es aber nicht, denn kaum hat die Erde angefangen, so kommt auch schon die Sonne dazu und macht schnell eine

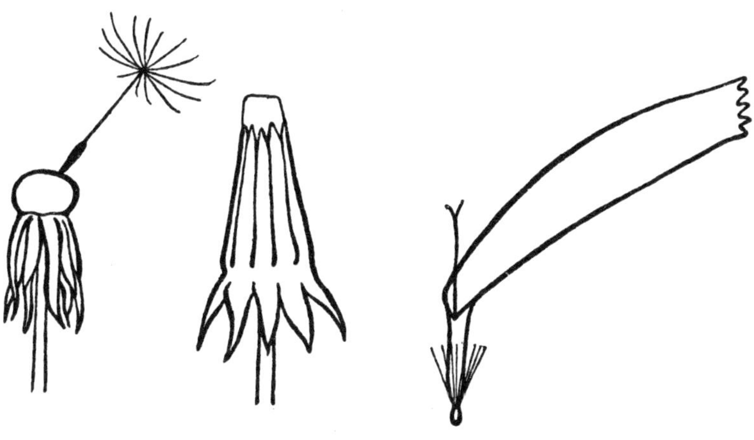

*Rechts eine Zungenblüte des Löwenzahnköpfchens. In der Mitte das Köpfchen, nachdem es sich geschlossen hat. Oben schauen schon die zusammengelegten Federkrönchen der Fallschirme heraus. Links auf dem Bilde ist gezeichnet, wie das Köpfchen aussieht, wenn es sich umgestülpt hat und wenn der grüne Hüllkelch zurückgeschlagen ist. Nur noch ein einziges Fallschirmchen steht auf dem kahlen Blütenboden. Die anderen sind schon vom Winde verweht.*

*Ein großes Löwenzahnblatt und ein kleines Löwenzahnpflänzchen, welches auf dürrem Boden gewachsen ist. Beide im gleichen Vergrößerungsmaßstab.*

Blume daraus. So wird es kein Baumstamm, sondern ein großer Blütenboden, auf welchem viele kleine Einzelblüten wachsen können. Eigentlich ist er wie eine ganz kleine Wiese, solch ein Blütenboden des Löwenzahnköpfchens; weil ihn aber die Sonne von der Erde abgetrennt und zubereitet hat, brauchen nicht erst grüne Blätter gebildet zu werden, es können sofort Blumen darauf wachsen.

Ist dann die Blütezeit vorüber, so schließen sich die Löwenzahnköpfchen. Sie schließen sich zwar auch schon vorher, z. B. nachmittags oder bei schlechtem Wetter, jetzt aber bleiben sie für längere Zeit geschlossen, weil eine innere Verwandlung mit ihnen vorgeht. Oben ragt nur noch ein verwelkter Schopf heraus, den man abziehen kann. Er fällt aber später von selbst herunter. In diesem Zustande sind die Löwenzahnköpfchen meistens zur Erde geneigt, als ob sie welken wollten, aber eine neue Kraft, diejenige nämlich, welche die Samen reifen läßt, richtet sie wieder auf. Bald schieben sich die Federkrönchen der Fallschirme oben aus der Blüte heraus, und wenn sie sich ausbreiten, wenn der Hüllkelch sich zurückschlägt und die ganze Blüte sich umstülpt, sind die Pusteblumen fertig.

Der Blütenboden ist jetzt eine kleine Erdkugel geworden, und darüber wölbt sich ein kleiner Sternhimmel mit unzähligen feinsten Sternchen. Das sind die Fallschirmchen. Solange er blüht, bildet also der Löwenzahn die Sonne nach, denn die Sonne hat ihn aus der Erde herausgeholt, wenn er aber fruchtet und es schon wärmer ist, dann wird er zum Abbild des Sternhimmels, wie es schöner und regelmäßiger gar nicht sein könnte.

Im Frühling, wenn der Löwenzahn seine Blätter bildet, ist noch viel Feuchtigkeit im Boden vorhanden. So werden auch die Blätter weich und bildsam, und die Sonne kann nach Herzenslust daran herumzausen. Sie schneidet die großen und kleinen Zipfel aus, die scharf gespitzt wie Löwenzähne sind. Aber nirgends hat der Löwenzahn einen Stengelteil. Er läßt seine Blätter unten auf der Erde. Nicht einmal seine Blüten setzt er auf richtige Stengel oder Stiele. Was so wie Blütenstiele aussieht, was ist es denn eigentlich? Ein *Loch* mit einer Haut darum herum! Das Loch vergißt der Löwenzahn auszufüllen, wie er auch die Mittelrippen seiner Blätter auszufüllen vergißt, denn auch dort hat er ein Loch. So kommt es, daß der Löwenzahn eine ganz und gar weiche Pflanze ist, die nur aus Blättern zusammengesetzt ist, bis in die Blüte hinein. Man kann sich ja gut vorstellen, was dem Löwenzahn passieren muß, wenn er vergißt, Stengel zu bilden: er muß eben *sitzenbleiben*. Käme nicht die Sonne zu Hilfe und sonderte die Blütenköpfchen aus der Erde heraus, es wäre ein trauriger Anblick; denn wenn man die große Pfahlwurzel sieht, sollte man da nicht eigentlich annehmen, daß eine hochaufstrebende Pflanze daraus hervorsprieße? Aber nichts von alledem, es wird eben nur ein Löwenzahn.

## *Von der Herbstzeitlose*

Wenn der Sommer schon stark zur Neige geht und die Sonne nur noch schräg auf die Erde fällt, weil sie einen viel kleineren Bogen am Himmel beschreibt, dann blühen die blaß-lilafarbenen Herbstzeitlosen auf den Wiesen. Man sieht es diesen hinfälligen Blumenkelchen ja an, daß sie das Letzte sind, was die Sonne aus der Erde hervorzulocken vermag. Bleich und schwächlich, wie sie sind, können sie auch vom Winde leicht umgeknickt werden.

Will man eine Herbstzeitlose abpflücken, so zieht man oft das lange Blumenrohr, in welches die Blüte nach unten übergeht, mit heraus. Tief unten in der Erde steckt eine Knolle, ja, erst wenn man sie auszugraben versucht, bemerkt man, wie tief sie eigentlich sitzt, und je kälter der Winter in einer Gegend ist, um so tiefer sitzen die Herbstzeitlosenknollen, so daß man sie geradezu als Thermometer der durchschnittlichen Winterkälte betrachten könnte.

Was einem aber am merkwürdigsten vorkommt, ist, daß man keine grünen Blätter dazu findet, wenn die Herbstzeitlosen blühen. Nur die fahlen Blumen flackern gleich kalten Flämmchen auf den herbstlichen Wiesen. Geht man aber im nächsten Frühjahr über die gleichen Wiesen, so findet man großblättrige, saftige, grüne Pflanzen, die wie Tulpen aussehen, und viele Leute, die nicht wissen, daß dies die Blätter der Herbstzeitlose sind, wundern sich, weil so viele Tulpen auf den Wiesen wachsen. Wird man doch in seinem Irrtum noch bestärkt, wenn man die saftgrünen Kapseln bemerkt, die einer Tulpenknospe so ähnlich sind. Vergeblich aber würde man warten, bis sie aufgehen, denn es sind ja gar keine Blütenknospen, sondern die Samenkapseln der Herbstzeitlose, welche aus den Blüten des vorigen Jahres entstanden sind und erst jetzt zur Reife gelangen.

Bei den Herbstzeitlosen verzögert sich nämlich alles, weil sie eben zu einer Zeit blühen, zu welcher die Sonne fast keine Kraft mehr hat. Zwischen die Blütezeit und die Samenreife kommt der Winter hinein, so daß die Pflanze dadurch gleichsam in zwei Hälften auseinandergerissen wird. Deshalb nennt man sie ja auch eine Zeitlose. Schon wenn man die matte

Herbstzeitlose mit dem strahlenden Krokus, dem sie äußerlich so ähnlich ist, vergleicht, kann man den Unterschied wahrnehmen. Krokus blüht im Frühling, wenn die Sonnenkraft im Zunehmen begriffen ist, die Herbstzeitlose dagegen, wenn sie schon gewaltig abnimmt. So ist der Krokus straff und strahlend, die Herbstzeitlose aber bleich und müde.

Vergleicht man die Herbstzeitlose mit der Tulpe, so kommt man noch auf einen anderen Gegensatz, welcher ebenfalls mit der Blütezeit zusammenhängt. Bei der im Frühling blühenden Tulpe geht alles zu schnell, denn sie eilt zur Blüte hin, bei der Herbstzeitlose dagegen geht alles viel zu langsam. Sie sendet im Herbst nur ihre langgezogenen Blumenkelche aus der Knolle in die Höhe. Die sind sechsteilig, genau wie bei der Tulpe, und die sechs Staubgefäße sind den Innenseiten der Blumenkronzipfel angeheftet.

Besonders merkwürdig aber ist es mit den Narben der Herbstzeitlose bestellt. Es sind ihrer drei vorhanden. Sie sind fadenförmig, laufen durch das dünne, unterirdische Blumenrohr nebeneinander her und gabeln sich erst oben am Lichte. Während nämlich Blumenkrone und Staubgefäße oben schon erblühen, steckt der Fruchtknoten der Herbstzeitlose noch unten in der Knolle. Er ist in seiner Entwicklung weit zurückgeblieben und zu dieser Zeit noch im Entstehen begriffen. Darum kann er nicht mit herauskommen. Es muß also sehr wohl beachtet werden, daß der lange, fast fadenförmige Teil, welcher die oberirdische Blüte mit der unterirdischen Knolle verbindet, kein Blütenstiel ist, sondern vielmehr das gewaltig in die Länge gezogene, am unteren Ende festgehaltene Blumenrohr.

Auch Blätter und Stengel der Herbstzeitlose sind während der Blütezeit noch ganz unentwickelt. Erst nach der Winterruhe werden sie hochgetrieben, von der Sonne

*So tief steckt die Herbstzeitlose in der Erde, und so lang ist ihr Blumenrohr, bis es in der Knolle endigt.*

aufgegriffen und völlig herausgeholt. Mit ihnen zusammen wird auch der Fruchtknoten herausgeschoben, so daß er sich nunmehr zu der großen, dreiklappigen Samenkapsel auswachsen kann. An der Spitze dieser Samenkapsel sieht man sogar noch die vertrockneten Reste der drei Narbenfäden hängen, und häufig erkennt man auch noch die Überbleibsel der Blüte. Da der Fruchtknoten der Herbstzeitlose oberständig ist, hängen diese natürlich unter der Samenkapsel.

Man kann es gut verstehen, daß die Herbstzeitlose giftig sein muß und das Futter verdirbt, wenn sie häufig auftritt. Wie die Pilze, so läßt auch sie sich zuwenig von der Sonne durchstrahlen. Sie möchte zwar wie eine Tulpe sein, bleibt aber im halben Zustande stecken, weil alles viel zu langsam geht.

Mit den Herbstzeitlosen ist das Blumenjahr zu Ende. Zwar finden wir noch Astern und Georginen in den Gärten, auf den Wiesen blühen noch hie und da die letzten Schafgarben, am Rain einige Wegwarten, aber die Herbstzeitlosen sind doch die einzigen Blumen, welche mit ihrer Entwicklung erst jetzt anfangen. Das kann uns traurig stimmen, denn bald werden wir keine Bienen mehr summen hören, kein Schmetterling wird mehr von Blüte zu Blüte gaukeln. Aber die Erde hat ein gutes Gedächtnis. Im nächsten Jahre wird sie uns neu beglücken, und kein einziges ihrer unzähligen Geschöpfe wird vergessen sein. In Samenkörnern, in unterirdischen Wurzelstöcken, Zwiebeln und Knollen bewahrt sie unsichtbar auf, was äußerlich dahinwelkt. Nach der Winterruhe wird es auch der Herbstzeitlose einfallen, daß sie noch keine Blätter und Stengel gebildet hat und daß in ihren Fruchtknoten keine Samen entstehen können, wenn sie unvollendet unter der Erde in den Knollen bleiben. Eilig holt sie alles nach, wozu sie im Herbste nicht mehr gekommen ist. Und weil es dann Frühling sein wird, erscheint sie über der Erde wie ihre Schwester, die Tulpe.

# *Von den Heilpflanzen*

Schon lange bevor die Menschen gelernt hatten, Pflanzen nach ihren Verwandtschaften einzuteilen, oder es auch nur für wichtig hielten, den Verwandtschaften nachzuspüren, gab es eine Wissenschaft von den Heilkräften der Pflanzen. Vieles von dem, was wir heute über Heilwirkungen von Pflanzen wissen, verdanken wir der überlieferten Weisheit aus alten Zeiten. Manches von dieser Weisheit ist allerdings im Laufe der Zeit auch vergessen worden und muß darum erst wieder erforscht werden.

Daß Pflanzen überhaupt heilen können, kommt nur daher, daß sie auf sehr wunderbare Art und Weise mit dem Menschen verwandt sind, jede Heilpflanze mit einem bestimmten Teil oder Organ des Menschen. Die ärztliche Kunst besteht nun darin, diese Verwandtschaften herauszubekommen und richtig anzuwenden. Nur dann nämlich können die Kräfte der Pflanzen segensreich auf den Menschen wirken und wieder Ordnung in den Organismus hineinbringen. Sogar Gifte können wichtige Heilmittel sein. Im Erkennen des Zusammenhanges von menschlichen Krankheiten und den Heilpflanzen besteht eben die ärztliche Kunst.

Wunderbar ist es, daß selbst Tiere von Heilpflanzen richtigen Gebrauch machen können, ja, sie haben, wenn ihnen etwas fehlt, sogar ein noch besseres Gefühl dafür, welche Pflanze ihnen helfen kann, als die Menschen es haben. Niemand hat sie belehrt, aber wenn sie erkranken, erwacht in ihnen das richtige Verlangen, und sie suchen sich selbst die richtige Medizin. Man nennt diese den Tieren selbst nicht bewußte Weisheit den Instinkt. Weidetiere lassen ja auch solche Pflanzen stehen, die giftig sind und ihnen schaden würden. Höchstens Haustiere, die schon lange in menschlicher Pflege sind, können diese wunderbare Fähigkeit verlieren; wilde Tiere aber lassen das ihnen nicht zuträgliche Futter stehen.

Der Mensch hat kein so sicheres Gefühl mehr dafür, was ihm helfen kann, wenn er krank ist. Dafür hat er im Laufe der Zeit viele Erfahrungen gesammelt und daraus seine Wissenschaft von den Heilkräften der Pflanzen gebildet. Solche Mittel, welche auch ohne einen Arzt angewendet werden können, nennt man Hausmittel. In jeder Familie sollte eine kleine Apotheke dieser guten Helfer zu finden sein, denn sie bringen den Segen der Natur in die Wohnungen der Menschen. Jede Mutter weiß z. B., daß Tee aus Fenchelsamen kleinen Kindern das Bauchweh vertreibt, und wie viele andere Samen, Kräuter, Wurzeln und Früchte hat nicht die Natur für den erkrankten Menschen bereit! Die guten Lindenblüten kann man sich selber sammeln. Welche Befriedigung gewährt es nicht, wenn man dann vielleicht im Winter einem Kranken damit helfen kann. Man gibt ihm Lindenblütentee, und schon fängt er an zu schwitzen.

Wer auf dem Lande wohnt, der weiß ja auch, daß es überall Kräutersammler gibt. Oft sind es alte Menschen, welche aber ihre Kräutlein genau kennen, sie sorgfältig im Schatten trocknen, damit das helle Sonnenlicht nicht etwa die heilenden Stoffe zerstört, und sie dann in die Apotheke bringen. Ein Kräutersammler muß auch genau wissen, wann die Pflanzen gesammelt werden müssen. Wenn es auf die Blätter ankommt, muß schon vor der Blütezeit gesammelt werden, weil ja sonst die Kraft durch die Blüte schon verbraucht ist. Wurzeln werden gewöhnlich im Winter oder im zeitigen Frühjahr gesammelt. Blüten müssen manchmal gesammelt werden, solange sie noch geschlossen und die wunderbar feinen Stoffe noch nicht verausgabt sind. Manche Heilpflanzen, wie z. B. Salbei und Pfefferminze, werden ja auch in Gärten und sogar auf Feldern gebaut. Wie es duftet, wenn man mit der Hand über die Pflanzen streicht! Und fast noch herrlicher duftet es, wenn man im Gebirge, wo viele Heilpflanzen wachsen, herumwandert. Jedes Kräutlein duftet anders, daß es einem ganz wohl dabei wird, und jedes kann dem Menschen helfen, wenn man nur versteht, es richtig anzuwenden. Müssen wir da nicht dankbar sein für so viele wunderbare Gaben!

Allerdings sind auch mancherlei giftige Pflanzen darunter. Der Arzt aber versteht es, gerade aus ihnen die wirksamsten Medizinen zu bereiten. Man darf auch nicht vergessen, daß sehr viele und sehr wichtige Heilpflanzen aus fremden Ländern kommen.

Wie alt die Weisheit von den Heilkräften der Pflanzen ist, kann man schon daran erkennen, daß viele Pflanzen nach menschlichen Organen oder Krankheiten benannt sind, wie z. B. Lungenkraut, Lebermoos, Augentrost, Beinwell (Beinwohl), Fieberklee, Pestwurz und viele andere. Ja, wir lernen die Natur von einer ganz neuen Seite lieben und ehren, wenn wir dies alles wissen und wohl bedenken!

## *Was wir aus fremden Ländern bekommen*

Es soll nunmehr jener Pflanzen gedacht werden, die uns fremdländische Gewürze und Genußmittel liefern, seien es Blätter, Blüten oder Früchte, Samen, Rinden oder Wurzeln. Oft ist es nicht mehr zu erkennen, welcher Teil der Pflanze verwendet wird, weil wir das Gewürz geschnitten, zerstoßen oder gar gemahlen kaufen. Schon das Trocknen macht sie unkenntlich. Trotzdem sollte niemand Gewürze verwenden oder genießen, ohne sich zu fragen, woher sie denn nun eigentlich kommen und was sie sind.

Von manchen weiß heute niemand mehr, wo ihre Heimat ist, weil sie schon so lange vom Menschen kultiviert werden. Von anderen weiß man es genau, und immer ist es interessant, es zu wissen. Schon vor der Entdeckung Amerikas wurden Gewürze auf dem Landwege von Indien nach Europa gebracht. Der Weg war weit und gefährlich, die Gewürze daher teuer. Deshalb wurden viele Versuche unternommen, auf dem Seewege nach dem Wunderlande Indien zu gelangen. Jeder weiß, daß dabei auch Amerika entdeckt wurde. Seither sind zu den Gewürzen und Genußmitteln der Alten Welt noch diejenigen der Neuen Welt hinzugekommen, unter denen wohl der Tabak zuerst zu nennen ist. Aber auch Kakao und Tomate wären zu nennen. Bekanntlich stammt auch die Kartoffel, die man weder als Gewürz noch als Genußmittel bezeichnen kann — denn sie ist ein Nahrungsmittel —, aus Amerika. Allerdings sind auch viele Gewürz-, Nahrungs- und Genußpflanzen, welche heute in Amerika angebaut werden, erst später dort eingeführt worden.

Was nun jeder Mensch, der Gewürze oder Genußmittel aus fremden Ländern verwendet, von ihnen wissen sollte, sei in der folgenden Übersicht zusammengestellt.

## *Gewürze und Genußmittel*

*Der Zimt* ist die Rinde des Zimtbaumes, der in Ceylon wild wächst und dort auch angebaut wird. Die jungen Stämmchen werden geschält. Dann wird die äußerste Schicht, die bitter schmeckt, abgetrennt. Das andere wird getrocknet, wobei es sich zusammenrollt und auch die bekannte bräunliche Färbung annimmt.

*Lorbeerblätter* sind die getrockneten Blätter des Lorbeerstrauches oder -baumes. Sein Laub ist immergrün, lederartig und, wie man noch am Gewürz deutlich sehen kann, leicht gewellt. Die Heimat des Lorbeers ist das Mittelmeergebiet, und seit alters her wurden Sieger mit Lorbeerkränzen gekrönt. Die Pflanze ist dem Gewürznelkenbaum nahe verwandt.

*Muskatnüsse* sind die großen Samen des Muskatnußbaumes, der auf den Molukkeninseln beheimatet ist, also nicht weit von der Heimat des Zimtbaumes, mit dem er auch verwandt ist. Die Früchte haben lederartiges Fruchtfleisch und werden trotzdem von den Eingeborenen gegessen. Die innerste Fruchtschicht, die den Samen umschließt, sieht orangefarben aus. Man nennt sie Samenmantel und macht ein anderes Gewürz daraus. Heute wird die Muskatnuß wegen ihres hohen Wertes in vielen Ländern der Tropen angebaut.

Schließlich soll als naher Verwandter dieser drei Gewürzpflanzen auch der *Kampferbaum* erwähnt werden. Er stammt aus China und Japan, gedeiht aber ebenso in anderen wärmeren Ländern. Der stark und etwas betäubend riechende Kampfer ist in allen Teilen des Baumes enthalten. Außer in der Medizin verwendet man ihn auch, um Motten zu vertreiben.

*Gewürznelken* sind die getrockneten Blütenknospen des Gewürznelkenbaumes. Sie müssen schon vor der Blütezeit geerntet werden, damit das stark duftende Öl erhalten bleibt. Man kann die Knospen leicht erkennen, wenn man eine „Nelke" in Wasser aufweicht. Die Heimat des Gewürzes sind ebenfalls die Molukkeninseln. Um das Jahr 1769 gelang den Franzosen der Anbau auch auf anderen tropischen Inseln. Das Nelkenöl wird ebenfalls aus den Blütenknospen des Baumes gewonnen. Der Gewürznelkenbaum ist nicht etwa mit unseren Blumen gleichen Namens verwandt.

Mit dem Gewürznelkenbaum nahe verwandt ist dagegen der *Eukalyptusbaum*. Er ist ein australischer Baum und der höchste Laubbaum der Welt. Seine Höhe kann 150 Meter erreichen. Das Eukalyptusöl, dessen Geschmack jeder von den Eukalyptusbonbons her kennt, wird aus den Blättern gewonnen.

*Der Pfeffer* kommt von einer Kletterpflanze her, die in Ostasien beheimatet ist, heute aber auch in anderen Tropenländern angebaut wird. Man zieht sie wie Bohnen auf Stangen. Die unscheinbaren Blüten hängen in längeren Träubchen herunter und werden später zu zwar kleinen, aber scharfschmeckenden Früchtchen. Erntet und trocknet man sie unreif, so gibt es schwarzen Pfeffer. Weißer Pfeffer sind nur die Samenkörner der reifen Früchte. Aber auch geschälter schwarzer Pfeffer sieht weiß aus.

*Die Zitrone*, deren Früchte man sowohl wegen ihres sauren Saftes als auch wegen der aromatischen Schale so gern verwendet, wird in verschiedenen Ländern am Mittelmeer, besonders auf der Insel Sizilien, in großen Plantagen angebaut. Das Laub ist wie auch bei den Schwesterbäumen, den *Orangen-*, *Mandarinen-* und *Pampelmusenbäumen*, immergrün und dunkelfarbig. Ein Gedicht Goethes beginnt:

Kennst du das Land, wo die Zitronen blühn,
im dunklen Laub die Gold-Orangen glühn,
ein sanfter Wind vom blauen Himmel weht,
die Myrthe still und hoch der Lorbeer steht?

So bringt der Dichter die Sehnsucht nach einem Lande zum Ausdruck, wo solch herrliche Früchte wachsen. Heute werden Zitronen, Apfelsinen, Mandarinen und Pampelmusen längst in vielen anderen wärmeren Ländern angebaut.

Das Gewürz Zitronat wird aus besonders dickschaligen Zitronen durch Einkochen in Zucker gewonnen.

*Ingwer* sind die getrockneten Wurzelstöcke einer orchideenähnlichen Pflanze, die in vielen Tropenländern angebaut wird. Doch weiß man nicht, wo sie eigentlich herstammt. Das aromatisch brennende Gewürz erzeugt ein angenehmes Wärmegefühl im Magen. Man kann Ingwer auch, in starker Zuckerlösung gekocht, als kandierten Ingwer kaufen.

*Die Vanille* ist ein Pflanzenteil, von dem man zunächst gar nicht annehmen sollte, daß er so köstlich duften kann. Es sind die langen, unreif geernteten, schotenförmigen Früchte einer tropischen Orchidee, die auf Bäumen wächst. Der Duft entsteht aber erst beim Austrocknen. Die Vanillepflanze ist eine Kletterpflanze aus dem tropischen Südamerika. Wenn sie hoch genug geklettert ist, zerfällt sie unten und wächst dann in den Baumkronen als Überpflanze weiter. In Kulturen wird sie allerdings ähnlich einer Bohne an Stangen gezogen. Sie wird heute fast in allen Tropenländern angebaut. Vanilleblüten sehen unscheinbar grünlich aus.

*Der Kakao,* den Kinder besonders gerne haben und aus welchem bekanntlich auch die Schokolade gemacht wird, ist ein Geschenk des tropischen Südamerika. Der Kakaobaum erreicht eine Höhe von 15 Metern, gedeiht nur im warmfeuchten Klima und auf sehr nahrhaftem Boden. Er ist ein ausgesprochener Urwaldbaum. Infolgedessen kann er auch nicht überall angebaut werden. Heute wird der meiste Kakao nicht im Heimatlande des Baumes, sondern im tropischen Westafrika geerntet.

Die Früchte hängen in Bündeln und kommen direkt aus dem Stamme heraus. Sie sehen fast wie Gurken aus, sind gelb oder rot gefärbt und etwa 20 cm lang. In jeder Frucht sind in fünf Reihen 40 bis 50 große Samen angeordnet. Der Kakao wird nur aus diesen Samen gewonnen. So wie man sie erntet, sind sie schon deshalb ungenießbar, weil sie gallebitter schmecken. Läßt man sie aber, nachdem das Fruchtfleisch entfernt worden ist, einige Tage lang auf Haufen liegen, so verlieren sie ihren bitteren Geschmack. Erst dann werden sie zur Weiterverarbeitung verschickt.

Ähnlich wie Kaffeebohnen müssen auch Kakaobohnen zunächst geröstet und dann gemahlen werden. Der Brei enthält noch ein wertvolles Fett, die Kakaobutter. Man kann Seife daraus machen, aber auch in der

Medizin wird sie verwendet, weil sie schon bei Bluttemperatur schmilzt. Erst wenn das Fett ausgepreßt ist, kann der Kakao zum Kochen verwendet oder Schokolade daraus gemacht werden.

Man sieht also, was alles nötig ist und wie viele Menschen fleißig arbeiten müssen, nur damit wir Kakao trinken und Schokolade essen können. Für die Schokolade müssen dem Kakaomehl noch Zucker, Vanille, Milch und alle möglichen anderen köstlichen Dinge zugesetzt werden, daß einem das Wasser im Munde zusammenläuft. Auch ein Teil der Kakaobutter wird wieder zugesetzt.

Im Kakao ist etwas von dem Gifte enthalten, das auch im Kaffee vorkommt (Koffein).

Als die Eroberer nach Südamerika kamen, wurde ihnen von den Eingeborenen ein Schaumgetränk gereicht, das diese Schokolade nannten. So lange also verstehen es Menschen schon, dieses Getränk zuzubereiten. Kakaobohnen dienten bei den Eingeborenen außerdem als Münzen.

*Kaffeebohnen* sind die Samen des Kaffeestrauches. Die Pflanze stammt aus Abbessinien, wo sie noch heute in den Urwäldern des Hochlandes wild vorkommt. Später ist auch eine andere Art aus Liberia in Kultur genommen worden. In den Früchten, die wie Kirschen aussehen und auch Kaffeekirschen heißen, sitzen immer zwei Bohnen so aufeinander, daß sie sich die flachen Seiten, wo die Rillen sind, zukehren. Die Kaffeekirschen werden zunächst auf Haufen geworfen und solange umgeschaufelt, bis das Fruchtfleisch verfault ist. Dann wird das „Silberhäutchen" entfernt.

Der sogenannte Rohkaffee sieht bekanntlich noch nicht braun, sondern weißlichgrün aus. Er hat auch noch gar kein Aroma. Es entsteht erst beim Rösten. Im Kaffee ist ein starkes Herzgift, das Koffein heißt, enthalten. Nur weil so wenig darin ist, vergiftet man sich nicht, wenn man Kaffee trinkt, sondern fühlt sich nur angeregt.

Die Kaffeepflanze ist eigentlich ein hoher, schlanker Baum mit sparrigen Ästen, der aber in Kultur gestutzt wird, damit er sich leichter abernten läßt. Deshalb spricht man gewöhnlich von Kaffeesträuchern. Sie müssen durch „Schattenbäume" vor der zu grellen Tropensonne geschützt werden. Das immergrüne Laub ähnelt Lorbeerblättern. Heute wird der meiste Kaffee im heißen Amerika und auf den Sundainseln geerntet.

*Tee,* auch chinesischer oder schwarzer Tee genannt, sind die zusammengerollten und getrockneten jungen Blätter des Teestrauches. Erst im 17. Jahrhundert, etwa gleichzeitig mit dem Kaffee, kam der Tee aus Ostasien, wo er von altersher geschätzt wurde, nach Europa und wird seither besonders in Rußland und in England so gerne genossen. Sehr guter Tee wird auch auf der Insel Ceylon gebaut.

Eigentlich ist die Teepflanze wie die Kaffeepflanze ein Baum, aber auch sie wird wegen des Aberntens niedriger gehalten. Das Laub ist immergrün, und die Blüten sehen fast wie Rosen aus, doch gehört der Teestrauch zu den Malvengewächsen. Die Blätter werden nach der Ernte zusammengerollt und dann einer Gärung unterworfen, die sehr kunstvoll geleitet werden muß; denn von ihr hängt das spätere Aroma ab. Erst bei der Gärung färben sich die Teeblätter schwärzlich.

In den alten Teeländern, vor allem in China und Japan, ist der Geschmack für gute Teesorten viel mehr ausgebildet als bei uns. Eine ganz besonders feine Sorte durfte früher nur in Königshäusern getrunken werden. Auch der Tee enthält ein dem Koffein verwandtes Gift, auf welchem seine anregende Wirkung beruht. Wo Tee gereicht wird, sollen gute Gespräche geführt werden.

*Der Tabak* kommt schon in den Reisetagebüchern des Amerikaentdekkers Kolumbus vor. Es heißt dort, daß die Eingeborenen den merkwürdigen Brauch hätten, die Blätter einer Pflanze patronenartig zusammenzuwickeln und den Rauch zu schlürfen. Heute würden wir natürlich sagen, daß diese Menschen Zigarren rauchten. Wie die Pflanzen aussehen, weiß heute, da sie überall angebaut werden, jedes Kind. Ihre engere Heimat ist das tropische Amerika. Weil sie einjährig sind, können sie aber auch in allen gemäßigten Zonen leicht angebaut werden. Der Tabak wird aus den Blättern gemacht. Man muß sie zunächst sorgfältig trocknen und dann wieder anfeuchten und „fermentieren". Zu diesem Zwecke wird der Tabak auf Haufen gelegt, bis er ebenfalls eine Gärung durchmacht. Dabei werden die Blätter braun. Das im Tabak enthaltene Gift, das Nikotin, ist sehr gefährlich und schädlich. Schon 0,05 Gramm können einen Menschen töten.

## *Fremdländische Nahrungs- und Nutzpflanzen*

*Der Paprika,* auch spanischer Pfeffer genannt, ist uns durch seine roten, scharfschmeckenden Früchte bekannt; man kann Paprika aber auch gemahlen als Gewürz kaufen. Die Paprikapflanze ist der Kartoffel nahe verwandt, was man am deutlichsten an den Blüten sieht. Der Paprika stammt aus dem tropischen Amerika, wird aber schon lange auch in andern Ländern gebaut. Deshalb hat er denn auch so verschiedene Namen (spanischer Pfeffer). Viel Paprika wächst auf der früheren französischen Verbrecherinsel Cayennes an der Ostküste tropisch Südamerikas. Deshalb heißt ein Sprichwort: „Geh hin, wo der Pfeffer wächst", denn die Insel hat ein mörderisches Klima. Wie Paprikaschoten, die heute auch in Europa, z. B. in Ungarn, angebaut werden, aussehen, weiß jedes Kind.

*Erdnüsse* sind die Früchte eines Schmetterlingsblütlers mit Fiederblättern, der heute in vielen warmen und wärmeren gemäßigten Ländern feldmäßig angebaut wird. Seine Heimat ist Brasilien. Der Name Erdnuß kommt davon her, daß die Pflanze ihre Blütenstiele nach dem Abblühen gewaltig in die Länge streckt, nämlich bis unter die Erde. Also ist die Erdnuß eine unter der Erde reifende Frucht. Obwohl sie eine Hülsenfrucht ist, nennt man sie doch wegen ihrer harten Schale eine Nuß.

Erdnüsse, die man knacken kann, um die Samen herauszuholen, müssen vorher geröstet werden. Sonst könnte man sie nämlich nicht essen. Erdnüsse werden sowohl in Amerika als auch in Afrika und Indien wegen des in ihnen enthaltenen Öles in großen Massen angebaut. Wahrscheinlich wird der Anbau immer mehr zunehmen. Das Öl kann sowohl für Speisezwecke — wie zur Margarineherstellung — als auch zur Seifenfabrikation verwendet werden. Natürlich ist es ein Unterschied, ob wir Fette und Öle zu uns nehmen, die wie das Olivenöl an der hellen Sonne entstehen oder solche, die man erst unter der Erde hervorholen muß.

*Der Ölbaum,* den wir wie den Feigenbaum schon aus der Bibel kennen, wächst um das ganze Mittelmeer herum und ist dort auch beheimatet. In Südfrankreich, in Italien, am Adriatischen Meer, in Griechenland wie im

Heiligen Lande, überall kann man in Hainen von Ölbäumen wandeln. Der Ölbaum ist kein großer und stattlicher Baum. Er hat Blätter, die immergrün sind mit feinen weißen Unterseiten. Man könnte sie mit Weidenblättern vergleichen, und wer auf seiner ersten Südlandreise nicht aufmerksam ist, dem kann es passieren, daß er die ersten Ölbäume gar für Weidenbäume ansieht. Wenn der Wind das Laub in einer Richtung hinstreicht, werden die hellen Blattunterseiten alle nach oben gekehrt. Die Blüten sehen wie Ligusterblüten aus. Das Holz des Baumes ist sehr hart. Oft sieht man uralte Ölbäume mit hohlen Stämmen und nur noch wenigen Blätterzweigen, an denen aber noch Oliven — so heißen die Früchte des Ölbaumes — reifen. Diese sehen wie kleine Pflaumen aus. Sie können den ganzen Winter hindurch geerntet werden, wie man sie gerade braucht. Das Öl wird aus dem Fruchtfleisch herausgepreßt. Die Farbe der Früchte, die Steinkerne enthalten, ist fast schwarz.

Der Ölbaum ist ein wahrer Wohltäter des Menschen, besonders in solchen Gegenden, wo sich andere Fette und Öle, wie z. B. Butter, wegen der Wärme schlecht halten würden. Außerdem kann der Ölbaum unbeschadet monatelange Dürre ertragen, ja, das gute Öl bildet sich gerade, wenn die Sonne daraufbrennt. Wie sehr der Ölbaum jederzeit von den Menschen verehrt wurde, geht auch daraus hervor, daß der Ölzweig seit Urzeiten als Zeichen des Friedens gilt.

*Mandeln* wachsen auf großen Bäumen, die unseren Kirsch- und Pflaumenbäumen nahe verwandt sind. Also sind Mandelbäume Rosengewächse, aber sie werden sehr viel höher als ihre Verwandten. Heimat ist das Mittelmeergebiet. Bei uns reifen Mandeln nur in ganz besonders günstigen Lagen. Die Mandelblüte fällt in die ersten Frühlingstage.

Die Früchte gehören zu den Steinfrüchten, doch ist hier der Kern dasjenige, worauf es ankommt. Das Fruchtfleisch ist lederartig und daher ungenießbar. Dafür können die Samen gegessen werden. Sie stecken in dem Stein der Frucht. Der Same, die Mandel nämlich, ist dann noch von der Samenschale umhüllt. Man kann sie leicht abziehen, nachdem man die Mandel in heißes Wasser gelegt hat. Bei den Knack- oder Krachmandeln sind die Steinschalen so dünn, daß man sie mit der Hand zerbrechen kann.

Manche Bäume tragen bittere Mandeln, in denen ein starkes und gefährliches Gift enthalten ist, die Blausäure. Man kann daran sterben und soll darum immer nur ganz wenig von einer bitteren Mandel essen. Kocht, brät oder bäckt man aber zerriebene bittere Mandeln, so vergeht der Giftstoff und es bleibt nur der Geschmack, um dessentwillen ja bittere Mandeln überhaupt verwendet werden.

*Feigen,* die wir meistens getrocknet und auf Bast gereiht und zusammengebunden kaufen, sind die merkwürdigsten Früchte, die man sich nur denken kann. Der Feigenbaum ist ein kleiner Baum mit großen, gelappten Blättern an weit ausladenden Ästen und Zweigen. Man kann ihn schon in südlichen, geschützten Alpentälern, dann aber besonders in Griechenland und in der Türkei, wo Feigen ein wichtiges Obst bilden und von wo sie auch zu uns kommen, finden. Die Früchte, die mehrmals im Jahre geerntet werden können, sitzen einzeln auf kurzen Stielen und sehen birnenförmig aus. Sie sind sehr zuckerreich.

Eine Feigenfrucht ist eigentlich ein fleischig gewordener ganzer Blütenstand, dessen kleine Blüten aber verkümmert und nach innen gezogen sind, so daß sie vom Fruchtfleisch umschlossen werden. Deshalb kann man sie auch nicht sehen. Nur wenn man Feigen ißt, merkt man, daß kleine Kerne darin eingeschlossen sind. Weicht man getrocknete Feigen in Wasser ein, so quellen sie auf, und wenn man sie dann zerschneidet, kann man die Krugform der Frucht erkennen. Zu den Merkwürdigkeiten des Feigenbaumes gehört es auch, daß er weißen Milchsaft in sich hat.

*Was man vom Reis wissen muß.* Gewöhnlich weiß man gar nicht, daß sich mehr als die Hälfte der Gesamtmenschheit der Erde vorwiegend von Reis ernährt. Furchtbare Hungersnöte sind die Folge, wenn in den Reisgebieten Südostasiens die regenbringenden Monsunwinde ausbleiben, so daß die Reisfelder verdorren. Im warmen Asien, aber auch in Afrika und Australien, ja heute sogar in Spanien, Italien, Südfrankreich, Ungarn und anderen Ländern mit milderem Klima kann man Reisfelder sehen. Sie müssen wenigstens einen Teil des Jahres unter Wasser gesetzt werden.

In China, wo besonders viele Menschen auf engem Raume wohnen, muß die ganze Familie auf den Reisfeldern arbeiten, auch die Kinder; erst um zu pflanzen, dann um zu wässern und schließlich zur Ernte. Der Reis kann nämlich nicht gleich auf die Felder gesät werden, er muß in Büscheln gepflanzt werden. Also muß er auch noch in Saatbeeten vorgezogen werden. Die Reispflanze ist eine Grasart, ein Getreide, und sieht fast wie Hafer aus.

In den Gebieten, wo der Reis die Hauptnahrung bildet, wird er ungeschält gegessen. Wir allerdings kaufen ihn meistens „poliert", nämlich nachdem das Beste, die sogenannte Reiskleie, entfernt worden ist, nur damit es schöner aussieht. Wer nur von geschältem Reis leben muß, der bekommt eine furchtbare Krankheit, die Beri-Beri-Krankheit, an der man schließlich zugrunde geht. Das beste Heilmittel ist die Reiskleie.

*Rohrzucker* war bis vor etwa hundert Jahren, ehe sich der Rübenzucker in ganz Europa ausbreitete, die einzige Zuckerart. Die Heimat des Zuckerrohrs, das wie Schilf aussieht und sechs Meter hoch wird, ist Ostindien. Es gedeiht nur im tropischen oder subtropischen Klima. Sehr viel Zuckerrohr wird heute in Indien, auf der Insel Kuba und auf Java gebaut. Die mächtig hohen Rohrhalme werden, noch ehe sie blühen, mit großen Messern abgehauen, zerquetscht und gekocht. Da die Pflanze ausdauernd ist, wachsen immer neue Halme nach.

Der bei uns so viel angebaute Rübenzucker ist ein Zucker, der aus einer Rübe, also einem Wurzelstück gewonnen wird. Rohrzucker dagegen ist Stengelzucker, der von der Tropensonne *über* der Erde gebildet wird. In der letzten Zeit hat der Verbrauch von Rohrzucker gegenüber Rübenzucker wieder zugenommen.

*Bananen* sind die Früchte einer Pflanze, die fast wie eine Palme aussieht, aber keine ist. Jeder hat Bananenstauden schon auf Bildern gesehen. Die mächtig großen, vom Sturm zerfetzten Blätter reichen mit ihren Stielen bis zum Wurzelstock herunter. Diese Stiele, die man auch Blattscheiden nennt, übergreifen sich gegenseitig und bilden einen Scheinstamm. Man muß eine Bananenpflanze also als riesengroßes Kraut betrachten.

Die Früchte, die man zu den Beeren rechnen muß, hängen in oft zentnerschweren Trauben zwischen den Blättern herunter. Wenn Bananen heute auch in fast allen warmen Ländern der Erde angebaut werden, so ist doch die Heimat der Pflanze wahrscheinlich Südasien. Wie bei so manchen anderen Nutzpflanzen, die der Mensch schon seit Urzeiten kultiviert, sind auch bei den Bananen die Samen verkümmert, so daß man die Pflanze durch Stecklinge vermehren muß.

*Ananasfrüchte* sind wie riesengroße, aber köstlich duftende und ebenso schmeckende, saftig-fruchtige Tannenzapfen, die aber statt auf Bäumen auf einem kurzen Stämmchen in Kniehöhe über der Erde sitzen. Die Pflanze, auf der solch merkwürdige Früchte wachsen, besteht aus einem Büschel großer, starrer, riemenartiger Blätter. Ihre Heimat ist Mittelamerika, doch wird sie heute in vielen warmen Ländern angebaut.

Die Botaniker nennen eine Frucht wie die Ananas eine Sammelfrucht, weil sie eben aus vielen zusammengewachsenen Früchten besteht, ähnlich wie wenn die Schuppen eines großen Tannenzapfens erst zusammengewachsen und dann noch außerdem fleischig-aromatisch geworden wären. Über der Frucht wächst die Pflanze dann als Blätterbüschel noch ein Stückchen weiter, einen kleinen Schopf bildend. Man kann ihn abschneiden und sich in Erde bewurzeln lassen.

*Baumwolle.* Als sie noch weniger bekannt war, gab es Bilder, auf denen zu sehen war, wie aus der Blüte einer Pflanze ein ganz kleines Schaf heraushing. Wolle kann eben, so dachten viele, nur von einem Schafe herkommen! Heute wird Baumwolle fast in allen warmen Gegenden der Erde angebaut, und jeder hat schon ein Bild davon gesehen, wie die weißen Fasern durch fleißige Hände abgepflückt werden. Die Ernte kann nur schwer mit Maschinen vorgenommen werden, weil die Samenkapseln mit den Fasern nicht alle zur gleichen Zeit aufplatzen. Die Fasern sind die Flughaare der Samen. Auch die Baumwollpflanze wird in Strauchform gezogen, damit sie leichter abgeerntet werden kann. Ihre Blätter sind 5- bis 6lappig. Die Blüten sind gelbe Malvenblüten. Die Früchte sind walnußgroße Kapseln. Die meiste Baumwolle wird heute in Amerika, dann in Indien und in Ägypten gebaut.

## *Von den Palmen*

Für jeden, der in den gemäßigten Zonen der Erde zu Hause ist, bedeutet es ein eindrucksvolles Erlebnis, zum ersten Male Palmen in der Natur zu sehen. Um unter Palmen zu wandeln, braucht man gar nicht einmal so weit zu reisen, wie man vielleicht zunächst denken mag. Schon bald nachdem man die Pässe der Alpen hinter sich hat, tauchen links und rechts der Verkehrswege die ersten dieser uns so fremdartig anmutenden Baumgestalten auf, zunächst noch vereinzelt, weniger stattlich und zuweilen auch in besonders kalten Wintern noch zurückgefroren, dann aber immer häufiger und eindrucksvoller. Mit ihren einfachen Stämmen und den mächtigen, auch Wedel genannten Blättern bilden die Palmen wahrlich einen herrlichen Anblick.

Nun muß allerdings gesagt werden, daß die Palmen des nördlichen Mittelmeergebietes noch längst nicht an die Riesen der Tropen heranreichen. Mit diesen verglichen, mutet die einzige Palme, die im nördlichen Mittelmeergebiet nicht nur wachsen kann, sondern dort auch beheimatet ist, geradezu zwerghaft an. Sie ist eine Fächerpalme, und man nennt sie Zwergpalme.

Aber der Mensch hat an den Gestaden des ganzen Mittelmeeres fremde Palmenarten angepflanzt, soweit sie nämlich in diesem Klima gerade noch gedeihen können, weil sie eben doch ein so fremdländisches Aussehen verleihen. Schlägt man einen Atlas auf, wo die Palmengrenze der nördlichen Halbkugel eingezeichnet ist, so sieht man, wo das Palmengebiet der Erde anfängt. Es umfaßt noch gerade den Süden Spaniens wie Griechenlands, wo ja durch das Mittelmeer ein milderes Klima herrscht. Südfrankreich und Norditalien, ja sogar der südlichste, jenseits der Alpen gelegene Teil der Schweiz sind außergewöhnlich weit nach Norden vorgeschobene Inseln, in denen Palmen gerade noch wachsen können. Aber gerade dort beeindrucken sie einen ganz besonders, wenn man, aus dem palmenlosen Norden kommend, ihnen zum ersten Male gegenübersteht.

In anderen Erdteilen wird die Palmengrenze auch durch warme Meeresströmungen, welche den Winter mildern, mitbestimmt. In Asien setzt natürlich das gewaltige Himalajagebirge dem Palmenwachstum ein Ende, und in Mittelamerika wird die Palmengrenze durch die Gebirgszüge der Rocky Mountains in einem großen Bogen nach Süden gedrängt. Aber auch in weit südlicheren Zonen hört das Palmenwachstum auf, sobald die Gebirge eine gewisse Höhe erreicht haben. Dann hängt die Höhe der Palmengrenze natürlich davon ab, wie nahe der betreffende Berg dem Äquator liegt. Die palmenreichsten Gebiete der Erde sind das Amazonasgebiet in Südamerika und in Südasien die malaische Inselwelt.

Warum nun rufen die Palmen in uns Nordländern einen so fremdartigen Eindruck hervor? Zunächst rührt dies einfach davon her, daß sie so mächtig große Blätter haben, wie man sie vorher noch nie gesehen hatte. Diese Blätter, auch Wedel genannt, sind in den meisten Fällen gefiedert. Bei manchen Palmenarten sind sie allerdings gefingert. Also gibt es Fiederpalmen und Fächerpalmen. Die Kokospalme und die Dattelpalme, ebenso die Ölpalme, welche ja noch genauer besprochen werden sollen, sind Fiederpalmen. Im Jugendzustande sind Palmenwedel zunächst scharf gefältelt. Dann kommt der Wind und zerreißt und zerfetzt sie einfach in lange Streifen, je nachdem, ob es eine Fächer- oder eine Fiederpalme ist. So einfach machen es also die Palmen, trotz ihrer gewaltigen Größe! Das sind gar eindrucksvolle Bilder, wenn der Wind die mächtigen Blätter packt, sie zaust, daß sich die Stämme biegen und die Kronen in einer Richtung hingestrichen werden.

Wenn man eine Fiederpalme betrachtet, so könnte sie einem zunächst wie ein mächtig groß gewordenes Farnkraut vorkommen, das nur durch einen Säulenstamm in die Höhe gehoben worden ist, immer höher und höher. Oft bleiben die abgestorbenen Blätter oder doch Teile von ihnen noch am Stamme hängen, und alles mögliche Getier, wie z. B. Ratten, nistet sich darin ein, denn wo die Erde einmal Stämme auftürmt, und seien es auch nur einfache Palmenstämme, da folgt auch sogleich tierisches Leben nach, wie wenn es im Erdengrunde selbst wäre.

Es sollen nunmehr drei für den Menschen besonders wichtige Palmenarten genauer besprochen werden.

## *Von der Kokospalme*

Sie ist eine tropische Palme, von der man annimmt, daß sie von der Ostküste Südamerikas herstammt. Von dort aus hat sie sich allerdings sehr weit verbreitet. Weil ihre Früchte, die Kokosnüsse, schwimmfähig sind und erst nach einem halben Jahre keimen, bietet selbst das Meer kein Hindernis. Heute, da diese Palme über die ganze Tropenwelt verbreitet ist, wird sie sogar dort am meisten kultiviert, wo sie nicht beheimatet ist, nämlich auf der asiatischen Inselwelt. Natürlich hat der Mensch bei ihrer Verbreitung die Hauptrolle gespielt, und doch kommt sie auch auf völlig menschenleeren Inseln vor. Nur das Meer kann die Samen dorthin getragen haben.

Die Kokospalme ist eine sehr hochragende Palmenart. Der schlanke Stamm wird 20 bis 30 Meter hoch, und die Blätter werden 4 bis 5 Meter lang. Wahrlich eine stattliche Länge für ein einziges Blatt! Man kann Kokospalmen schon von weitem an den meist etwas schiefstehenden Stämmen erkennen. Das macht natürlich der Wind. Die Kokospalme ist nämlich eine ausgesprochene Küstenpalme. Wo sie wächst, streicht der Wind vorwiegend von einer Richtung her, und man sagt von den Stämmen der Kokospalmen, daß sie so biegsam seien wie Roggenhalme.

Die großen Blütenstände, welche zwischen den Blättern hervorbrechen, sind zunächst in mächtige Scheiden eingewickelt. Dann kommen sie zum Vorschein und lassen erkennen, daß die ersten Blüten nur Staubblüten sind. Sie häufen sich in großer Zahl in der Spitze der Blütenstände, während die Fruchtblüten weiter hinten an den gleichen Blütenständen zu finden sind. Die Kokospalmen sind also einhäusige Pflanzen. Staubblüten und Fruchtblüten sind nicht nur an einer und derselben Palme, sondern sogar an einem und demselben Blütenstande. Dies muß besonders erwähnt werden, weil es bei den Dattelpalmen, wie wir noch sehen werden, anders ist.

Die Blüten sind bei allen Palmen nach der Dreizahl gebildet, und wir erkennen daraus, daß die Palmen zu den streifenblättrigen Pflanzen gerechnet werden müssen, mögen sie auch eine besondere Gruppe für sich bilden.

*Wie der Schweizer Botaniker Usteri eine Kokospalme am Meeresstrande, wo er sie oft gesehen hat, zeichnete.*

Es ist nun außerordentlich interessant, sich eine so große Frucht wie eine Kokosnuß einmal genauer zu betrachten, um zu erkennen, was die einzelnen Teile denn nun eigentlich bedeuten. (Siehe auch das nebenstehende Bild.) Die Hauptsache an der ganzen Frucht ist nämlich der riesengroße Same im Innern der steinharten Schale. Diese Schale aber bildet die innerste Schicht der den Samen umhüllenden, faserigen Frucht. Noch ehe die Kokosfrüchte verschifft werden, wird die Faserschicht von der Steinschale abgetrennt, weil sie nämlich zur Herstellung vieler nützlicher Dinge, wie z. B. Kokosmatten, verwendet werden kann.

Wenn die Steinschale der Kokosfrucht gesprengt wird — man muß ja eine Säge oder ein Beil dazu nehmen —, kommt zunächst die braune Samenschale zum Vorschein. Sie ist hautdünn und bedeckt das weiße, nahrhafte Fleisch des Samens. Jeder kennt es, weil ja auch die Kokosflocken daraus gemacht werden. Die Palme bildet es natürlich als erste Nahrung für den keimenden Samen. Wer genau nachsieht, kann in das Samenfleisch eingebettet, dort, wo die Steinschale ihre drei großen Punkte hat, den Keim sogar schon entdecken. Er ist in diesem Zustande noch ein wenige Zentimeter großes Stiftchen. Und doch wird später einmal eine hohe Palme daraus! Wenn der Keim grüne Blätter haben wird, hat er die Nährschicht des Samens aufgezehrt. Im Hohlraum, den die Nährschicht einschließt, ist die Kokosmilch. Man kann sie trinken, und sie mundet köstlich.

Eine ausgewachsene Kokospalme trägt jährlich 50 bis 100 Früchte, und die Fruchtbarkeit der Pflanze währt 70 bis 80 Jahre. Allerdings ist gute Bodenfeuchtigkeit die Voraussetzung für gutes Gedeihen. Ein indisches Sprichwort sagt, daß die Kokospalme 333fachen Nutzen bringe. Dieser Nutzen aber rührt nicht etwa nur von den Früchten her. Schon das Holz der Stämme, das steinhart ist, kann sehr gute Dienste leisten. Man verwendet es natürlich als gutes Bauholz. Die Blätter werden zum Dachdecken genommen, aber auch zur Herstellung von Segeln und Matten. Von den Mittelrippen der Blätter werden Tragseile, ja sogar Rohre gemacht. Die Blattfiedern benützt man, ähnlich wie bei uns Weidenruten, zum Korbflechten. Aus den Scheiden der Blattstiele kann man Seile, Kleidungsstücke und Segel verfertigen. Die Blütenscheiden lassen sich zu Tauwerken verarbeiten, zu Fackeln und zu Schürzen. Aber man kann die Blätter auch verrotten lassen und dann aus den Fasern Bürsten, Seile,

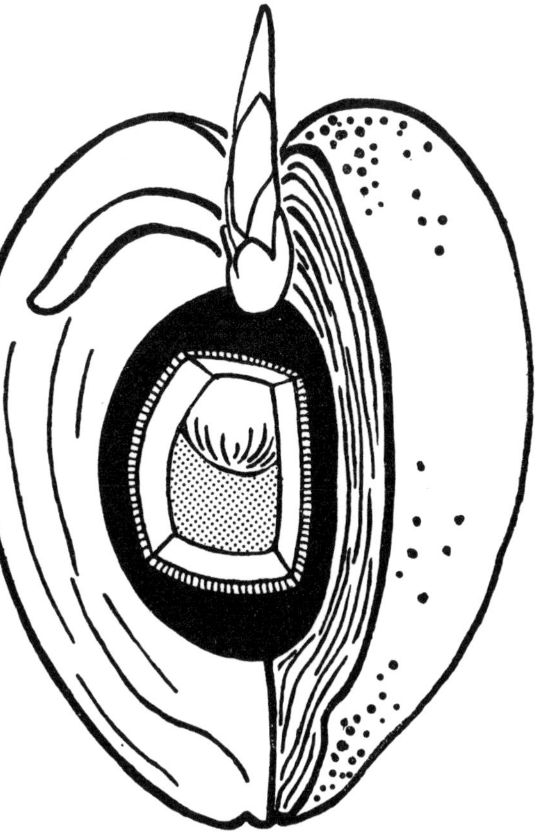

Frucht mit Samen einer Kokosnuß, beide aufgeschnitten

*Die Frucht ist so gezeichnet, wie sie aussieht, wenn der Keim schon durch die Keimpore der Steinschale hindurchgebrochen ist. (Eine Kokosnuß hat drei solcher Poren, weil nämlich ursprünglich drei Samen veranlagt waren, von denen dann aber nur einer weitergewachsen ist.) Die Steinschale einer Kokosnuß wird also bei der Keimung nicht gesprengt. Der Keim hat in diesem Zustande schon einige Schuppenblättchen gebildet sowie sein erstes Würzelchen; in das Innere des Samens aber ist ein großes rundliches Saugorgan hineingewachsen. Auf unserem Bilde füllt es bereits den halben Innenraum des Samens aus. Es wird immer größer und größer, bis schließlich alle Nährstoffe des Samens, auch das weiße Fleisch desselben, aufgezehrt sind. Bis dahin ist der Keim so groß geworden und hat sich so reich verwurzelt, daß er sich selbst ernähren kann.*

Die Schichten von außen nach innen:

| *die Schichten der Frucht* | *die Schichten des Samens* |
|---|---|
| *die lederartige Fruchthaut* | *die dünne Samenhaut, hier unsichtbar* |
| *die dicke Faserschicht* | *das weiße Fleisch des Samens* |
| *die harte Steinschicht* | *ganz innen die Kokosmilch* |

*Die ganze Frucht hat also zweimal drei Schichten, und der Keim mit dem Saugorgan, der Wurzel und dem Trieb hat nochmals drei Teile.*

Matten und Polster herstellen. Junge Triebspitzen kann man als „Palmkohl" essen, was aber natürlich der Palme sehr schadet, oder man kann den ausfließenden Saft zu „Palmwein" werden lassen. Das weiße Fruchtfleisch (Kopra) ist sehr wichtig für die Gewinnung von Pflanzenfetten. Noch nachdem das Öl aus der Nährschicht herausgepreßt ist, dient der Rest als Viehfutter (Melasse).

Aus alledem kann man verstehen, wie es kommt, daß die Kokospalme in manchen Gegenden der Erde das Leben erst ermöglicht.

## *Von der Dattelpalme*

Auch diese Palme ermöglicht in weiten Wüstengebieten dem Menschen das Leben, zumal sie nicht wie die Kokospalme an die Küste gebunden ist. Die Beduinen nehmen getrocknete und dann gepreßte Dattelfrüchte, in Schafleder eingenäht, mit auf ihre weiten Wüstenreisen. So halten sich die Datteln jahrelang und bilden oft die einzige Nahrung dieser genügsamen Menschen. Den Preßsaft nennt man auch Dattelhonig. Ähnlich wie bei unseren Obstbäumen gibt es auch von der Dattel verschiedene Sorten. Die süßen Datteln, welche wir wegen ihres köstlichen Geschmackes so gerne essen, haben als Nahrung die geringere Bedeutung. Viel wichtiger aber sind die Sorten mit mehligem Fruchtfleisch, die Stärke enthalten. Der Kern der Dattelfrucht ist ihr Same. Die steinharte Masse wird von der keimenden Pflanze allmählich aufgezehrt. Die Botaniker rechnen die Dattel zu den Beeren. Fett oder Öl ist nicht in ihnen enthalten.

Aus der indischen Walddattel wird sogar Palmwein gewonnen, aber man muß dazu die jungen Blätter anschneiden. Aus dem Mark der Stämme der südasiatischen Sagodattel läßt sich Stärke gewinnen, aber die Eingriffe in den Baum sind so tief, daß sie niemand zulassen wird, der seine Palmen erst sorgfältig gepflegt hat.

Wollten wir nun den großen Nutzen, den die Dattelpalme dem Menschen bringt, ausführlich beschreiben, so müßte sehr vieles nochmals erwähnt werden, was schon zum Lobe der Kokospalme gesagt worden ist. Die Stämme auch der Dattelpalmen liefern Bau- und Nutzholz. Sie sind etwas dicker als diejenigen der Kokospalmen, und die Blätter, die nicht so groß wie Kokosblätter sind, werden zu ähnlichen Zwecken gebraucht wie diese, zur Dachbedeckung, für Flechtwerk, zum Besenbinden usw. Also ist die Dattelpalme ebenso ein Helfer und großer Wohltäter des Menschen wie die Kokospalme. Bedenkt man, daß sie selbst in der Wüste gepflanzt werden kann — wenn sie nur mit ihren sehr tiefreichenden Wurzeln noch Wasser findet —, so begreift man wohl, was sie bedeutet. Ein arabisches Dichterwort sagt, daß die Dattelpalme mit den Füßen im Wasser stehe und das Haupt zum Feuer des Himmels erhebe. Jeder Wüstenreisende wird sie freudig begrüßen, wenn er sie nach langen, beschwerlichen Tagen in der Ferne auftauchen sieht.

Die Stämme werden nur bis zwanzig Meter hoch und stehen aufrechter als die vom Winde gebogenen Stämme der Kokospalme. Für die Kultur dieser Palme ist es sehr wichtig, zu wissen, daß sie im Gegensatz zur Kokospalme zweihäusig ist. Staubblüten und Fruchtblüten sind auf verschiedene Bäume verteilt. Da selbstverständlich die fruchtbaren Bäume unvergleichlich viel wertvoller sind, die Staubblüten aber doch nicht entbehrt werden können, läßt man nur einige wenige Palmen mit Staubblüten stehen. Der Blütenstaub hält sich sehr lange, auch wenn die Staubblüten von den Bäumen abgetrennt sind, und so kommt es, daß solche Blütenstände eine wichtige Handelsware bilden. Sie werden dann einfach in die fruchtenden Palmen hineingehängt und zusammengebunden. Mit wieviel Freude und Wohlbehagen mag ein Palmenbesitzer dann die dicken Pakete von Datteln auf seinen Bäumen heranreifen sehen! Eine gute Dattelpalme trägt im Jahre zwei Zentner Datteln, und erst nach hundert Jahren ist sie erschöpft. Dattelpalmen sind dort, wo sie wachsen, für den Menschen genauso unentbehrlich wie für den Nordländer das Getreide. So bringt jedes Erdgebiet seine besonderen Gaben hervor.

## *Von der Ölpalme*

Sie stammt aus den heißen Gebieten Westafrikas und ist wie die Kokospalme und die Dattelpalme eine Fiederpalme. Das Öl sowohl des Fruchtfleisches als auch des Samens wird verwendet, nur ist das Samenöl wertvoller. Die in harte Schalen eingeschlossenen Samen werden in großen Massen bei uns eingeführt und zu Speiseölen verarbeitet (Palmkernöl). Aus dem Öl des Fruchtfleisches stellt man Seifen und Kerzen her. Die Früchte sehen wie Pflaumen aus, und mehr als tausend bilden zusammen einen Ballen wie eine riesengroß gewordene Erdbeere. Wenn wir braten oder backen oder sonst Öle und Fette verwenden, sollten wir immer daran denken, daß dieses Öl vielleicht in den Tropen auf einer Palme gewachsen ist und eine weite Reise machen mußte. Palmöl wird auch wie andere Öle zu Speisefett verarbeitet.

Selbstverständlich gibt es neben der Kokospalme, der Dattelpalme und der Ölpalme noch viele andere Palmenarten, welche dem Menschen großen Nutzen bringen, indem sie ihre Samen oder Früchte, ihre Blätter, Fasern oder ihr Holz spenden. Ja, in vielen Ländern der Tropen wäre das Leben des Menschen ohne die Palmen fast nicht möglich.

## *Vom Antlitz der Erde*

Das Pflanzenleben muß anders sein, wo die Sonne nicht so wie bei uns auf die Erde herniederscheint, wo auch Mond und Gestirne andere Bahnen ziehen, Sommer und Winter, Tag und Nacht anders verlaufen, und wo tropische Hitze oder polarische Kälte die Oberhand gewinnen. Die Sonne steigt in unseren Gegenden schräg empor. Sie beschreibt einen Bogen am Himmel, welcher im Sommer größer, im Winter kleiner ist, niemals aber, selbst nicht zur Zeit des höchsten Sonnenstandes, steht sie senkrecht über uns im Zenit.

Ein ganz anderes Bild bietet sich den Bewohnern mehr äquatorial gelegener Länder dar. In den Tropen sieht man die Sonne morgens senkrecht in die Höhe steigen, und am Abend taucht sie wieder senkrecht hinter den Horizont. Zur Zeit des höchsten Sonnenstandes läuft sie mitten über den Himmel, so daß ein in die Erde geschlagener Stock mittags überhaupt keinen Schatten mehr wirft, weil die Sonne direkt in seiner Verlängerung steht. Aber auch zu anderen Jahreszeiten steigt sie höher als bei uns, darum muß auch ihre belebende Einwirkung auf die Erde stärker sein.

Wo hinreichend Wasser vorhanden ist, sei es durch regelmäßige Regenfälle, sei es an Flußrändern oder in Sumpfgebieten, da kann sie einen Pflanzenwuchs hervorrufen, dessen Üppigkeit alles weit übersteigt, was uns aus heimatlichen Gebieten, selbst den fruchtbarsten, bekannt ist. Den Grundstock des tropischen Urwaldes bilden die mächtigen Bäume. Riesige Kronen, in denen natürlich auch eine vielgestaltige Tierwelt ihr Wesen treibt, drängen sich aneinander und verstricken sich mit ihren Ästen ineinander. Nur die stärksten können sich durchsetzen, und wenn einmal solch ein Baumriese zusammenbricht oder umstürzt, reißt er krachend mit sich zu Boden, was neben und was unter ihm steht. Jeder Baum ist wie ein Garten; denn er ist von unten bis oben mit anderen Pflanzen bedeckt, so daß man nicht einmal seine Rinde irgendwo zu sehen bekommt. Kletterpflanzen ziehen sich an den Stämmen empor. Zwischen den Stämmen herrscht Dämmerlicht, denn noch ehe die Sonne durch die Blätter hindurchgedrungen ist, haben die Pflanzen ihr Licht schon fast aufgesogen. Dazu kommt, daß es ja sehr warm und auch sehr feucht im Urwalddickicht ist, wie in einem Gewächshaus, wo man kaum atmen kann, wenn man sich nicht zuerst daran gewöhnt hat.

Pflanzen, welche den Schatten lieben, bilden das Unterholz, aber da oben in den Baumkronen hat sich eine zweite Pflanzenwelt angesiedelt. Die Schlinggewächse, die noch unten in der Erde wurzeln, ziehen sich wie Seile um die Baumstämme, schlingen sich von Ast zu Ast und bilden, wenn sie blühen, wunderbare Girlanden. Andere klettern bis in die höchsten Wipfel, wo sie, an das helle Sonnenlicht gelangt, einen Blumenregen von verschwenderischer Fülle und Farbigkeit ausschütten. Wieder andere tropische Urwaldgewächse wurzeln gleich oben in den Baumkronen, wo sich in Astwinkeln, hohlen Stämmen usw. Humus angesammelt hat. Dort, wo bei uns höchstens Moose und Flechten gedeihen, finden sich Blütenpflanzen und große Farnkräuter durcheinander. Die Sonne vermag ja auch ganz andersartige und viel mehr Blüten hervorzuzaubern. Tropische Orchideen sehen oft fast wie Tiere aus. Ihre Farben sind grell und zuweilen unheimlich. Das kommt von der sumpfigen Hitze.

Die übermäßig wuchernde Kraft der Erde und eine viel stärker als bei uns wirkende Sonne lassen das Pflanzenleben wie eine Flutwelle emporquellen, so daß ein Teil bis hoch in die Wipfel gehoben wird, dort eine zweite, überschwengliche Vegetation bildend. Diese Überpflanzen reichen mit ihren Wurzeln nicht mehr bis auf den Erdboden herunter.

Solche Pflanzen, welche als Kletterpflanzen vom Erdboden bis in die höchsten Baumkronen hinaufsteigen, nennt man Lianen. Ein Naturforscher hat die Lianen des tropischen Urwaldes folgendermaßen beschrieben:

„Wenn das schöne Wort (Liane) erklingt, taucht aus der Dämmerung der Jugenderinnerungen eine ganze Reihe herrlicher Bilder in kräftigen Linien und bunter Farbenpracht empor. Über den riesigen Stämmen des Urwaldes, welche gleich Pfeilern eines weiten Hallenbaues emporragen, wölbt sich ein Laubdach, das nur hier und da von dünnen Sonnenstrahlen durchdrungen wird. Im Waldgrunde üppiges Grün von schattenliebenden, die Leichen gefallener Bäume überkleidenden Farnen oder mächtigen Stauden und weiterhin wüstes braunes Wurzelwerk, welches das Fortkommen im düstern, stillen Grunde fast unmöglich macht. Im Gegensatz zur unheimlichen Waldestiefe, welch buntes Bild in den Lichtungen und am Saume des Urwaldes! Ein Gewirr aus allen erdenklichen Pflanzenformen böscht sich empor zur dichtesten Hecke, baut sich auf, höher und höher bis zu den Kronen der Baumriesen, so daß der Einblick in die Säulenhallen des Waldinneren gänzlich benommen ist. Das ist die echte und rechte Heimat der Lianen.

Alles schlingt, windet und klettert durcheinander, und das Auge bemüht sich vergeblich, zu ermitteln, welche Stämme, welches Laubwerk, welche Blüten und welche Früchte zusammengehören. Hier flechten und wirken die Lianen grüne Wände und Tapeten, dort hängen sie als schwankende Girlanden oder zu breiten Vorhängen verstrickt von dem Gezweige der Bäume herab, und wieder an anderer Stelle spannen sich üppige Gewinde von Ast zu Ast, von Baum zu Baum, bauen fliegende Brücken, ja förmliche Laubengänge mit Spitzbogen und Rundbogen. Einzelstehende Baumstämme werden durch die Hülle aus verflochtenen Lianen zu grünen Säulen oder noch häufiger zum Mittelpunkt grüner Pyramiden, über deren Spitze die Krone schirmförmig ausgebreitet ist. Sind die Lianen zugleich mit den von ihnen als Stütze benutzten Bäumen alt geworden, und haben sich ihre alten Stammteile des Laubschmuckes entledigt, so erscheinen sie wie Taue zwischen Erde und Baumkrone ausgespannt, und es entwickeln sich jene seltsamen Formen, welche mit dem Namen Buschtaue belegt worden sind. Bald straff angezogen, bald schlaff und schwankend, erheben sie sich aus dem Gestrüpp des Waldgrundes und verlieren und verwirren sich hoch oben in dem Geäst des Baumes. Manche dieser Buschtaue sind wie die Seile eines Kabels verschlungen, andere einem Korkzieher gleich gewunden und wieder andere handförmig verbreitert, grubig ausgehöhlt oder zu zierlichen Treppen, den berühmten „Affenstiegen", ausgestaltet.

Die grünen Girlanden, Lauben und Gewinde der Lianen sind hoch oben geschmückt mit den buntesten Blüten. Hier leuchtet ein Strauß wie eine kleine Feuergarbe hervor, dort schwankt eine lange blaue Traube im Sonnenschein, und hier wieder ist eine dunkle Wand mit Hunderten blauer, roter oder gelber Blüten durchstickt. Und wo Blüten prangen und Früchte reifen, fehlt es auch nicht an den Gästen derselben, an dem bunten Volke der Falter und an den Sängern des Waldes, deren liebster Tummelplatz der lianendurchflochtene Waldrand ist."

Weil sich die Sonne so innig mit der wuchernden Erde durchdringt, werden auch die Teile der Pflanzen durcheinandergemischt. Die Blütenkraft reicht bis in die Blätter, Wurzeln, Stämme, Hölzer und Rinden hinein und macht sie aromatisch. Aber auch Blüten und Früchte haben ganz anderes Feuer und köstlicheres Aroma. Bekommen wir doch unsere feurigsten Gewürze aus den Tropen.

Daß sich das Vegetationsbild der heißen Zonen der Erde vollkommen ändern, ja in sein Gegenteil umkehren muß, wenn das zum Pflanzenleben unerläßlich notwendige Wasser fehlt, ist ganz selbstverständlich. Die quellenden Kräfte treten zurück, und die Sonne wirkt nunmehr durch ihre Glut unbarmherzig ausdörrend, ja verknöchernd auf die Erde. An Stelle der Üppigkeit tritt Dürre, an Stelle des Urwaldes die Steppe oder gar die Wüste.

Eine Wüste ist ein Gebiet, in welchem so gut wie keine Pflanzen mehr wachsen können, gleichgültig, ob Stein- oder Sandwüste. In der Steppe gedeiht wenigstens noch Gras, welches sich während der kurzen Regenperioden immer wieder auffrischt.

Wenn von Wüsten die Rede ist, denkt man gewöhnlich zunächst an die Sahara, obwohl es auch in anderen Erdteilen als in Afrika hinreichend Gebiete gibt, welche diesen Namen verdienen. Wer da glauben wollte, daß die Wüste immer in der Unfruchtbarkeit des Bodens ihre Ursache habe, der irrt sich sehr; denn es hat sich oft genug gezeigt, daß es dem Menschen gelingen kann, Wüstengebiete in vortreffliches Kulturland zu verwandeln. Immer wird Ägypten mit seinen künstlichen Bewässerungsanlagen das lehrreichste, wenn auch nicht das einzige Beispiel dieser Art sein. Andererseits ist aber auch manches fruchtbare Erdgebiet durch unbedachtes oder rücksichtsloses Eingreifen des Menschen erst zur Wüste geworden. Wo der Mensch z. B. die Wälder selbstsüchtig abgeholzt hat, da kamen Wolkenbrüche und schwemmten die fruchtbaren Erdschichten fort, oder der Boden konnte ausdörren, weil kein schützendes Blätterdach mehr vorhanden war. Dann kam der Wind und wehte alles fort bis auf den nackten Stein. Eine Steinwüste mußte zurückbleiben.

Viele Pflanzen sind durch das Wüstenklima höchst merkwürdig umgewandelt worden. Sie sind stark zusammengezogen und haben entweder gar keine oder doch nur sehr kleine Blätter. Ist die kurze Regenperiode vorüber, so stehen sie als blätterloses Gestrüpp da. Vielen von ihnen hat das starke Sonnenlicht Dornen verliehen, so daß sie undurchdringlich sind (Dornbusch). Auch Polsterpflanzen wachsen in den Wüsten. Sie bilden halbkugelige Kuppen und sind mit oft sehr langen Pfahlwurzeln verankert. Ihr oberirdischer Stamm ist so dicht verästelt und so verhärtet, daß man eher an Korallenriffe erinnert wird als an eine Pflanze. Wie aber sollte eine ausgebreitete Pflanze mit weichen Stengeln und Blättern im Bereiche der glühend heißen Winde und des tief hinein ausgedörrten Sandbodens auch bestehen können!

Sehr lehrreich sind in dieser Hinsicht die Kakteen, welche bekanntlich in den Steinwüsten Mexikos beheimatet sind. Sie haben überhaupt keine Blätter mehr, sondern nur fleischig gewordene, mit lederartiger Haut überzogene Stengelteile. Ein Kaktus hat seine Blätter in den verdickten Stengel hineingesaugt. Darum sieht der Stengel grün aus, in manchen Fällen ist er sogar flachgedrückt und hat Blätterform angenommen. Die duftigen und meist nur kurzlebigen Kakteenblüten scheinen gar nicht zu den derben, mit Stacheln besetzten Stengelteilen zu passen. Eben weil der Kaktus keine Blätter hat, müssen seine Blüten unmittelbar auf dem Stamm sitzen, und man weiß gleich, daß etwas dazwischen fehlt, die Blätter nämlich. So macht es also der Kaktus genau wie seine Wüstenheimat, wo die heiße, lichtdurchflutete Luft unvermittelt auf das tote Gestein prallt und wo kein Wasser den Ausgleich herbeiführt. Allerdings haben die Kakteen auch viel Feuchtigkeit in ihren fleischigen Stämmen aufgespeichert. Sonst könnten sie die Trockenperioden schwerlich überdauern. Und trotzdem hat ein Kaktus auch viel aufgespeicherte Feuerkraft in sich. Weil er so langsam wächst und so hart ist, merkt man es kaum, wenn aber die Blüten herauskommen, dann sieht man, wie es lodert.

Viele der südländischen Pflanzen sind außerordentlich groß geworden. Dabei sind sie aber einfach geblieben, wie man z. B. an den Palmen sehen kann. Ihre mächtigen Wedel, hart wie Eidechsenhaut, sind weniger durchgearbeitet als manche unserer einheimischen, z. B. auf Wiesen wachsenden, viel kleineren Pflanzen. Auch ihre Stämme können nicht mit den Stämmen unserer Bäume verglichen werden, sie sind starre, unverzweigte Säulen. Eine Bananenstaude ist nichts anderes als ein riesengroß gewachsenes Kraut mit ganz einfachen Blättern. So kann die Tropensonne ihre Pflanzen ausdehnen, ohne sie deshalb sorgfältiger durchzubilden.

Am auffälligsten zeigen einem vielleicht die Steppen den Gegensatz von Feuchtigkeit und Trockenheit; denn sie werden mit dem Einsetzen der Regenfälle in verblüffend kurzer Zeit ganz wunderbar verwandelt. Dann ergrünen sie, und allenthalben sprießen prächtige Blumen aus dem vorher trostlos öden Boden hervor, so daß man sich plötzlich in ein Zauberland versetzt sieht. Aber die Herrlichkeit währt nicht lange, denn mit Anbruch der regenlosen Zeit schwindet alles wieder dahin, und die Dürre setzt ein. Die Zwiebelgewächse ziehen sich unter die Erde zurück, das Gras verdorrt, und die Samenpflanzen sterben ebenfalls ab. So kommt es, daß ein Reisender die südafrikanische Hochwüste als die schrecklichste, trockenste, verbrannteste, wie im Backofen gedörrteste, versengteste, gebackenste, verzehrteste, gottverlassenste Gegend, über die jemals die Sonne geschienen, bezeichnen konnte während sie andere, welche das gleiche Gebiet zur Regenzeit bereisten, als ein wahres Wunderland beschrieben. So kann das alles belebende Wasser die Erde verwandeln!

In den Tropen ist jeder Tag wie ein kurzer Sommer. Einen Winter wie bei uns gibt es nicht, nur Regenperioden, die — je nachdem, wie der Wind vom Meer her weht — zu verschiedenen Zeiten liegen können. Man kann auch sagen, daß sich in den Tropen das Jahr in einen Tag verwandelt habe. Ist die Sonne einmal hinter dem Horizont verschwunden, wird es sehr schnell völlige Nacht. Die Tropen kennen keine Dämmerung. Außerdem wird es in der Nacht im Vergleich zum Tage viel kälter als bei uns. Entgegengesetzt ist es in den Polarländern, denn dort geht die Sonne nur einmal im Jahre auf, nämlich im Frühling. Sie zieht dann, ohne unterzugehen, niedrig über dem Horizonte hin, bis sie in der Mittagsstunde des Polartages, welcher auch gleichzeitig die Sommermitte ist, ihren höchsten Stand erreicht hat. Von diesem Zeitpunkte an schraubt sie sich von ihrer ohnehin geringen Höhe langsam wieder unter den Horizont hinab. Eine Polarnacht dauert sechs Monate, ebensolange natürlich der Polartag. Auch Mond und Sterne, die in den Tropen mit der Sonne senkrecht emporsteigen, ziehen in den Polarländern — nur im Winter sichtbar — in parallelen Kreisen über dem Horizont.

Daß die Sonne unter solchen Umständen nur sehr schwach und wenig tief in die Erde eindringen kann, wird jeder zugeben. Wissen wir doch, daß große Länder, wie z. B. das Innere von Grönland, mit ewigem Eis wie mit Felsmassen bedeckt bleiben, weil die Sonnenwärme nicht ausreicht, diese zu schmelzen, trotzdem der Polarsommer von keiner Nacht unterbrochen wird. Wo der erste Pflanzenwuchs sich regen kann, bleibt er doch ganz niedrig, der Erde angeschmiegt. Eine oberflächliche Moos-Flechten-Zone bildet den Anfang. Auch in der Tundra gibt es nur kleine, verzweigte Gewächse. Wohl fehlt es in diesen Sumpfgebieten nicht an Wasser, aber weder die Erde noch die Sonne vermögen es zu beleben. Sind in den Tropen die Gewächse groß und mächtig, so sind die polarischen klein und winzig, dafür aber äußerst sorgfältig durchgestaltet. Selbst wenn sie viel größer wären, würden sie immer noch schön aussehen.

Was aber besonders fremdartig anmutet und der Polarlandschaft den Eindruck der trostlosen Öde aufprägt, das ist ihre vollkommene Baumlosigkeit. Kein Baum, kein Strauch ist weit und breit zu erblicken. Welch ein Gegensatz, wenn man an den tropischen Urwald denkt! Die Erde ist eben zu schwach, sich auszustülpen, sie vermag nur eine dünne Pflanzenschicht hervorzubringen, die an vielen Stellen nur wie ein spangrüner Überzug aussieht. Das erste, was dann als Baumwuchs auftritt, sind wie auf hohen Bergen die Weiden. Diese Zwergweiden mit winzigen Blättchen und unzähligen kleinen Kätzchen schmiegen ihre Äste so dicht an den Erdboden an, daß solch ein Strauch das Aussehen einer Polsterpflanze gewinnt. Auch die ersten Fichten haben noch einen sehr merkwürdigen Wuchs. Weil sie immer wieder zurückfrieren und sich nicht aufwärtsrecken können, bleiben sie ebenfalls dem Erdboden angeschmiegt, indem sie sich unmittelbar über der Erde von einem Mittelpunkte aus verzweigen. Erst die Astspitzen erheben sich und sehen dann wie kleine Bäumchen aus, so daß man den Eindruck eines kleinen Gebüsches bekommt, wo doch nur eine einzige Pflanze wurzelt. Im nächsten Kapitel soll eine solche Erdgegend genauer beschrieben werden.

Die nicht holzbildenden Gewächse sind bis zur Zwergenhaftigkeit zusammengezogen, in ihren Teilen verhärtet und bis ins letzte durchgeformt. Viele bilden Polster und Rabatten, welche nicht selten Kugelform annehmen. Der Sommer zaubert dann eine Überfülle von Blüten hervor, deren Farben unvergleichlich rein sind. Auch hier steht der Reisende, der es miterlebt, wie vor einem Wunder. Die massenhaft angesammelten Blüten schweben wie eine zweite, verklärte Schicht über den verhärteten Pflanzen. Schmetterlinge stellen sich ein und flattern über den im Winde zitternden Blumenrasen. Wie hingehaucht scheinen diese arktischen Blüten. Sie sind das Abbild des sternklaren Polarhimmels. In den verhärteten Sprossen aber haben wir die Kinder der erstarrenden Erde. Es scheint, als ob ein Trennungsstrich gezogen wäre und Himmel und Erde sich wohl berühren, nicht aber sich durchdringen könnten. Auch darin sind die Polarpflanzen den Tropenpflanzen entgegengesetzt.

| *Tropen:* | *Polarländer:* |
|---|---|
| Wärmepol | Kältepol |
| Erde lebendig | Erde tot |
| Pflanzen ausgedehnt | Pflanzen zusammengezogen |
| Pflanzenwuchs in die Luft erhoben | Pflanzenwuchs an den Erdboden geschmiedet |
| Blütenkraft in die Pflanzen untergetaucht | Blüten von den Pflanzen abgesondert |

In den gemäßigten Zonen, die wir bewohnen, gehen diese Gegensätze ineinander über. Tag und Nacht, Sommer und Winter wechseln regelmäßig miteinander ab. Hier wachsen zwar nicht die meisten Pflanzen, auch nicht die größten, die es gibt, aber das Leben ist am mannigfaltigsten, und der Mensch kann am besten daran arbeiten.

Bevor dieses Buch geschlossen werden soll, muß noch geschildert werden, wieviel man lernen kann, wenn man einen hohen Berg besteigt. Jeder Berg bildet nämlich die ganze Erde nach. Je höher man steigt, um so kälter wird es und um so schwächer wird das Erdenleben. Dagegen rückt der Himmel mit seinen Kräften immer näher heran. Es ist darum auch gar nicht verwunderlich, daß man auf hohen Bergen oft dieselben Pflanzen findet wie in Polarländern. Besonders derjenige, der das Glück hat, einen hohen Berg zu besteigen, welcher in den Tropen liegt, hat Gelegenheit, alle Erdzonen an seinem Auge vorüberziehen zu lassen, wie wenn er eine kurz gedrängte Reise vom Nordpol zum Äquator machte. Vom ewigen Schnee kommt er in eine Moos-Flechten-Zone, dann betritt er Wälder, welche unseren Mischwäldern sehr ähnlich sind. Je nach der Lage des Berges können es auch Nadelwälder sein. Nach und nach mischen sich dann tropische Bestandteile in die Pflanzendecke ein, bis man schließlich ganz im Tieflande angelangt ist.

Aber auch unsere heimatlichen Berge sind große Lehrmeister. Man muß sie nur richtig zu betrachten verstehen. Sind nicht Enziane, Alpenrosen und die vielen herrlichen Primelarten genauso beschaffen wie die Blütenpflanzen der Polarländer? Polster- und Rabattenpflanzen sind in Menge anzutreffen, und auch bei diesen ist eine farbenstarke, reine Blütenschicht über die verzwergten Sprosse hingelagert. Bei Bäumen und Sträuchern bilden sich die Holzteile besonders aus und schmiegen sich fast wie in den Polargegenden dem Erdboden oder dem Felsen an.

So kann man denn die Erde mit zwei riesenhaften Bergen vergleichen, welche mit ihren Grundflächen verkehrt aufeinandergesetzt sind. Die Gipfel sind die beiden Erdpole, und am Äquator stoßen die Berge zusammen.

## *Reise eines Botanikers in das skandinavische Hochgebirge*

Auf dem Wege nach Norden kann der Reisende zum ersten Male am Polarkreis das große Erlebnis der Mitternachtssonne haben, zunächst nur wenige Tage zur Zeit der Sonnenwende. In den Tagen vor- und nachher steht die Sonne um Mitternacht zwar nicht mehr am Himmel, aber es herrscht doch draußen noch so helle Dämmerung, daß man die kleinste Schrift lesen kann. Je weiter man sich nun in nördlicher Richtung vom Polarkreis entfernt, um so länger wird die Zeit, in welcher die Sonne nicht mehr untergeht, sondern sich nur dem Horizont nähert. In Nordskandinavien dauert die Mitternachtssonne durchschnittlich zwei Monate.

Selbstverständlich herrscht in allen Erdzonen ungefähr gleichviel Tag und gleichviel Nacht, aber auf die Pole zu wird die Tageshelligkeit immer mehr auf die Sommermitte, die Dunkelheit auf die Wintermitte konzentriert, so daß wir also während des Sommers ein starkes Überwiegen von Helligkeit haben, und wir müssen uns fragen, ob diese Einseitigkeit einen auffälligen Einfluß nicht auch auf das Pflanzenleben ausübt.

Himmel und Erde stehen sich im Norden unvermittelt gegenüber. Auch durch seine nächtlichen Erscheinungen spricht der Himmel des Nordens eine mächtige Sprache (Polarlichter). Unten auf der Erde aber türmen sich die uralten Gesteinsmassen, welche den skandinavischen Kontinent kennzeichnen. Betrachtet man die Höhenzahlen dieses Gebirges, so findet man, daß sie längst nicht an die mitteleuropäischen Hochgebirge heranreichen. Schwedens höchster Berg zählt nicht mehr als 2000 m, trägt aber vier Gletscher. (Die Höhe der mächtigsten Alpenberge beträgt fast 5000 m.) Besteigt man in Skandinavien einen auch nur 1300 bis 1500 m hohen Berg, so läßt man die Baumgrenze schon in wenig hundert Metern Meereshöhe hinter sich und befindet sich bald in der großartigsten Hochgebirgslandschaft. Da treffen Vergleiche mit weiter südlich gelegenen Gebirgen eben nicht mehr zu, weil die Erde selbst, wenn man nach Norden kommt, schon wie ein hoher Berg ist.

Man begegnet nur wenigen Pflanzengattungen, welche in den mitteleuropäischen höheren Gebirgen nicht auch vorkommen, nur daß sie im hohen Norden eine ganz andere Rolle spielen. Sie bedecken dort immer große Flächen, wenn nicht ganze Berge. In den Polarländern gibt es, mit den Tropen verglichen, viel weniger verschiedene Arten von Pflanzen, wie an den Polen ja auch immer dieselben Sternbilder am Himmel kreisen, während in den Tropen der *ganze* Sternhimmel über dem Horizont erscheint.

Betrachten wir zunächst jene weiten Berghöhen, die man in Skandinavien das *Fjäll* nennt! Diese Landschaft erhebt sich als baumloses Felsgebiet mit magerem, fast überall moorig-sumpfigem Boden über die Waldgrenze, welche dort allerdings, je nach dem Breitengrad, schon bei 400 bis 600 m Höhe liegen kann, und schiebt sich wie meilenweit ausgedehnte Inseln in die Waldgebiete ein. Außer von Riedgräsern, z. B. Wollgras, Flechten und Moosen, binsenartigen Gewächsen, Gräsern usw., ist das Fjäll meistens von Zwergsträuchern bedeckt. In Schweden nennt man solche Gebiete „rished", das bedeutet Reisheide. Dort wachsen besonders viele Heidekrautarten, außer der Heidelbeere und der Preißelbeere auch Moor- und Moosbeere, Bärentraube und Krähbeere, aber auch bezaubernd schön blühende Arten wie die Alpenheide und ähnliche. So entsteht im wirren Nebeneinander und Durcheinander dieser zähen, verholzten Gewächse ein federndes Polster, auf dem man wie auf einer Matratze dahinschreitet. Wenn man lange dort wandern muß, ist es sehr anstrengend. Die Früchte dieser vielen beerentragenden Zwergsträucher geben im frischen wie im vertrockneten Zustande der reichen Vogelwelt, wie z. B. Schneehühnern, Nahrung. Eine herrliche Zierde mooriger Stellen ist die Schellbeere, eine niedrige, nicht rankende Brombeerart. Sie hat nur zwei oder drei Blätter und blüht im Frühling mit einer einzigen großen, vierteiligen, anemonenartigen Blüte. Die Frucht hat die Größe einer Gartenerdbeere. Sie sieht, wenn sie noch unreif ist, rot aus, wenn sie aber reif ist, sieht sie orangegelb aus. Sie schmeckt honigsüß. Es ist ein wirklich verlockender Anblick, diese wie Korallen leuchtenden Früchte zwischen Torfmoos, Renntierflechten und dunkelfarbigem Gebüsch stehen zu sehen.

Die Fjällpflanzen bilden eine hartlaubige, teilweise sogar immergrüne Pflanzengesellschaft mit oft sogar nadelförmigen Blättern. Während der Frühlingszeit aber bedeckt sich das Fjäll über und über mit Blumen, die auch stark duften. Wenn ein Gegenstand glänzt, läßt er das Licht nicht in sich eindringen, sondern spiegelt es zurück. So macht es die Erde im hohen Norden mit dem lebenspendenden Sonnenlichte. Sie spiegelt die Himmelswirkungen als oberflächlichen Blütenflor wie eine an den Boden hingehauchte Blütenschicht zurück. Üppiges Wachstum und schwellende Blattentfaltung aber können nicht entstehen.

Wasser ist in dieser Landschaft im Überflusse vorhanden. Es steht in Sümpfen und Mooren, es sammelt sich in zahllosen Seen — fast jedes Tal bildet eine Seenkette —, es kreist zwischen Himmel und Erde, wird aber nicht stark in das Pflanzenwachstum einbezogen. Auch das Leben der Erde selbst verläuft träge. Tote Pflanzenteile, abgestorbene und gestürzte Bäume verfallen im morastigen Grunde nur langsam der Verrottung, und so bilden sich dicke Torfschichten.

Die nordische Erde strömt, besonders nach der Schneeschmelze, wenn die Weidenbüsche blühen und die Birken ausschlagen, einen wunderbar erfrischenden, balsamischen Duft aus. Auch die Frühlingsblumen duften. Dennoch darf gesagt werden, daß es an würzigen Kräutern in der Pflanzenwelt der nordischen Berge mangelt. Der balsamische Birkenduft ist harzig, und Blütenduft ist eben Blütenduft, aber es ist doch etwas anderes, wenn auch Blätter und Stengel so durchwärmt werden, daß sie duften, wie es z. B. bei so vielen Lippenblütlern unserer heimischen Pflanzenwelt ist. Solche Pflanzen, bei denen schon die Blätter duften, gibt es kaum in den skandinavischen Gebirgen. Auch die Doldengewächse fehlen bis auf die Engelwurz, welche von den Lappen gern gegessen wird.

Aber unsere Schilderung der Fjällflora wäre nicht vollständig, würden wir nicht auch jenes kleinen, über den ganzen Norden verbreiteten, zierlichen Strauches mit seinen nur zentimetergroßen, nierenförmigen Blättchen gedenken, der Zwergbirke. Sie wächst niemals zum größeren Strauche oder gar Baume heran. Nur in günstigeren Lagen treibt sie meterlange Ruten. Im Hochgebirge, wo sie noch beträchtlich über die Waldgrenze emporsteigt, kann man sie mit daumendicken, kurzen, aber gekröseartig gewundenen Stämmchen dem Boden sich anschmiegen sehen. Ein geradezu rührendes Bild, wenn sich dann zwischen den sehr kleinen Blättchen noch die vielen winzigen Blütenkätzchen zeigen! Bedenkt man, wie nur gering der jährliche Zuwachs sein kann, so sieht man, welch hohes Alter solch ein kleiner Strauch hat. Er ist eben ein Zwerg unter den Sträuchern Überall im Fjäll hat man ihn vor Augen.

Die größere Schwester der Zwergbirke ist die nordische Weißbirke. Man nennt sie auch die gedrehte Birke. Sie ist *der* Waldbaum des hohen Nordens, sobald Fichte und Kiefer zurückbleiben. Außerdem wachsen in den nordischen Wäldern Zitterpappeln, Ebereschen und Traubenkirschen. Die Birken findet man gewöhnlich krüppelhaft ausgebildet, nur an sehr günstigen Orten können sie sich wie unsere Weißbirken zum Baume entwickeln. Schwer leiden sie unter der Last des Schnees und des rauhen Wetters. Man sieht es ihnen an, daß sie, bis zum Erdboden niedergedrückt, immer neue Versuche machen, sich aufzurichten, und in diesem ewigen Kampfe bildet sich die eigentümliche Baumgestalt, welche man mit Recht auch Knieholz nennen könnte, heraus. Die Birke ist eben doch trotz all ihrer Zähigkeit und Winterhärte kein starker Baum, der sich gegen Widerstände gut aufrechthalten könnte. Sieht man verkrüppelte Birken unmittelbar neben Fichten mit ihren wohlausgerichteten Stämmen stehen, so fällt der Unterschied beider besonders deutlich in die Augen. Die Birke nimmt ihre Kraft nicht aus ihrem Stamme, sondern aus ihrer Blätterkrone, und die ist nachgiebig; bei der Fichte dagegen ist der Stamm die Hauptsache.

Wer die nordischen Birkenwälder, jene weg- und steglosen Urwälder von schier unbegrenzter Ausdehnung einmal kennengelernt hat, der wird sie kaum wieder vergessen. Noch weniger derjenige, der die Mühsale am eigenen Leibe erfahren hat, sie durch Sumpf, über Steine, Knüppel und gebrochenes Geäst hinweg zu durchqueren. Besonders während der Monate Juni, Juli und August, wenn der Wanderer, wo er sich auch befinde, in eine Wolke von Stechmücken gehüllt ist, welche in Mund, Nase, Augen und Ohren kriechen, kann dieser nordische Dschungel zur wahren Hölle werden. Und doch wird man immer wieder durch so wunderbare Bilder entschädigt!

Gedenken wir noch eines anderen Strauches, der im Norden, in vielen Arten verbreitet, seine ganze Schönheit entfaltet, der Weide. Sie umsäumt mit ihrem herrlich weißfilzigen Laub die Wildbäche, oder ihr schimmerndes Blaugrün kleidet sumpfige Niederungen aus, ja selbst noch in größeren Bergeshöhen trifft man sie als prächtigen Strauch, vor dem man bewundernd stehenbleibt und sich sagt, daß auch in einem gepflegten Park nichts Schöneres zu finden sein kann. Kräftig wuchernd und dennoch vom Höhenklima edel durchgeformt! Die Weide ist eine Freundin der Kühle und des Wassers. Darüber hinaus gehört sie aber auch zum bewegten Luftelement, wenn sie nämlich ihre Samen, welche mit langen Flughaaren ausgestattet sind, dem Winde anvertraut. Und gerade das ist der schönste Schmuck dieses Kindes des Nordens, wenn im seidig dicht behaarten, silbrig glänzenden Blätterwerk die mit weißer Wolle überladenen Fruchtzapfen stehen. Der Anblick bleibt an Schönheit wahrlich in nichts hinter dem eines Blütenbaumes zurück.

Im Hochgebirge fehlen natürlich auch jene polsterbildenden Weidenarten nicht, welche der Botaniker schon aus den mitteleuropäischen Gebirgen kennt: Polarweide, Krautweide usw. Sie verzweigen sich oft unterirdisch im Bergschutt und treten nur mit Polstern sehr kleiner Blättchen und ebenso winzigen Kätzchen an das Licht. Daß man es mit einem Holzgewächs zu tun hat, merkt man erst, wenn man den weitverzweigten „Strauch" aus seinem Untergrunde herausreißt.

Lassen wir schließlich einige Bilder an uns vorüberziehen, wie sie sich beim Abstieg vom Hochgebirge in die Talniederungen darbieten können! Wir befinden uns mitten im Monat *Juli*. Schon beim Aufstieg, nachdem wir uns durch Sumpf und Weidengestrüpp hindurchgearbeitet haben und die letzte Krüppelbirke das Überschreiten der Baumgrenze andeutete, fanden wir uns wie in einem Blumengarten. Aber der Bergsteiger des Alpengebietes vermag sich noch kein zutreffendes Bild dieses in den Hochsommer versetzten Bergfrühlings auszumalen, denn es sind nicht jene Pflanzen, welche für uns den Inbegriff der Blumenherrlichkeit hoher Berge ausmachen, Enziane, Primelarten, Mannsschild, Anemonen usw. Auch die Alpenrose spielt längst nicht die Rolle wie in unseren Bergen, vielmehr haben auch hier wieder die Heidekrautgewächse das Übergewicht. Zarte Glöckchen, ferner Schneeheide und andere bedecken den steinigen Grund, soweit das Auge reicht. Dazwischen natürlich Steinbrecharten und die letzten noch aus dem Tale heraufragenden Blütenpflanzen.

Aber besteigen wir zunächst einmal einen der höchstgelegenen Gipfel, sofern die Sonne den Schnee schon geschmolzen hat! Bis auf Riedgräser sind Boden und Felsspalten pflanzenleer. Nur hie und da zittert ein Gletscherhahnenfuß im Winde. Er ist zwerghaft klein mit kurzem Stengel, nur einem einzigen Blättchen und einer Blüte. Bald ist alles Pflanzenleben ganz erloschen, nur Moose und Flechten können noch spärlich gedeihen. Beim Abstieg begegnen wir bald wieder den Zwergweiden, der Polarweide, der Krautweide und anderen, wie sie bereits geschildert worden sind. Sie haben schon Blätter. Das vorjährige Laub findet sich an tieferen Stellen vom Schmelzwasser massenhaft zusammengeschwemmt. Überall ist der „Frühling" eingezogen. Unzählige Blüten blicken hervor, wo nur irgend das Gestein so weit verwittert ist, daß Pflanzen ihr Wurzelwerk entfalten können, darunter sehr viele Kreuzblütler. Faustgroße und kleinere Polster und Pölsterchen sind mit Blüten überdeckt. Und wie sie alle leuchten, und wie rein sie strahlen!

Man kann in solchen nordischen Gebirgen nicht einfach sagen, welchen Pflanzen man begegnen müsse, nur weil man sich in dieser oder jener Höhe befindet. Ob ein Gebiet der Sonne zugekehrt ist oder ob es beschattet ist, kann in diesem Lande schroffer Gegensätze oft beinahe den Unterschied von Sommer und Winter ausmachen. Das Hochtal, durch welches unser Weg nunmehr führen soll, liegt an einem Nordhange. Es ist noch immer mit einer mehrere Meter tiefen Schicht von kristallisiertem Schnee bedeckt. Noch zum großen Teil unter der Schneedecke verborgen liegen drei Seen, einer hinter dem andern. Also ist Vorsicht geboten, weil die Eisdecke im Schmelzen begriffen ist. Man hört das Gurgeln der eiskalten, kristallklaren Wasser. Ein Gletscher hängt auf der anderen Talseite und zeigt seine smaragdgrüne Bruchstelle da, wo er in den mittleren See hineinkalbt (d. h. abbricht). Hier sind wir noch tief im Winter, höchstens im Februar, bei fast unerträglicher Helligkeit. Aber die Sonne hat schon ein Stück des kiesigen Hanges bloßgelegt. Und schon regt sich das Pflanzenleben! Es ist Schneehahnenfuß, was dort leise zittert. Lauter einzelne Blütenstengelchen mit nur zwei bis drei Blättchen und einer gelben Blüte! Das Spiel des Morgenlichtes in diesen durchscheinenden Blumenblättern ist ein Spiel in Farben auf dunklem Erdengrunde. Und es kann ja noch nicht lange her sein, daß der Schnee dort gewichen ist, denn Blätter und Stengel sind noch bleich. Ein kleines Blumenbeet inmitten tödlicher Wildnis! So viel Schönheit auch dort, wo nur selten ein Mensch hinkommt!

Jetzt öffnet sich das Hochtal. Der Abfluß der drei Seen stürzt sich jäh in die Tiefe, sich schäumend an den Felsen brechend. Tief unten im Quertal sieht man schon den Bach, welcher von der gewaltigen, zwei Wegstunden aufwärts liegenden Gletscherzunge herkommt. Er mündet nach einer schönen Deltabildung wiederum in einen See, denn auch in dem Quertal zieht sich eine Seenkette hin. Aber wie hat sich plötzlich das Bild verändert! Schon zwischen den Armen des Wasserfalles stehen auf einsamen Posten die ersten Weidenbüsche. Der Steilhang vor uns aber ist übersät von Veilchen, nicht blauen oder violetten etwa, sondern strahlend gelben, dem Wahrzeichen unseres Gebirgsstockes. Wie sie sich von dem frischen Grün abheben! Wahrlich ein Sternhimmel auf Erden! Blaue und rote Bergblumen verschiedener Familienzugehörigkeit, wie z.B. stark rote Lichtnelken, mischen sich darunter, denn wir sind längst nicht mehr im Februar. Es ist März geworden. Blühende Gräser und wohlvertraute Frühlingsblumen, wie z. B. Sumpfdotterblumen, tauchen jetzt auf. Unser Steilhang ist ein wahrer Blumengarten. Wir müssen hinab, dorthin, wo die Lappenhütte steht, doch das Krüppelholz erschwert den Abstieg.

Immer lieblicher wird das Bild, je weiter wir uns, von der herben Höhe kommend, der Talsohle nähern. Dort unten ist Mai. Wir finden jetzt keine ausgesprochenen Hochgebirgspflanzen mehr. Auch der Steinbrech, weiter oben ein regelmäßiger Schmuck der Felsen, hört auf. Nur eine größere und üppigere, gelbblühende Art wuchert noch an allen Wasserläufen. Was wir jetzt um uns herum wahrnehmen, das verdient bereits den Namen einer Wiese, einer Frühlingswiese mit Trollblumen. Da stehen zwischen den Steinen aber auch noch die Gruppen über und über blühender Schneeheide, wie sie sich niemand schöner wünschen könnte. Wir wandern stundenlang in der Talsohle immer am See entlang, zu beiden Seiten von düstern, hochragenden, steil aufsteigenden Felswänden eingeschlossen. Wir haben keine Eile, denn Dunkelheit ist in diesem Monat nicht zu befürchten. An den unzugänglichen Felshängen zieht sich Krüppelholz hin, welches so täuschend an die Latschenkiefern unserer heimatlichen höheren Gebirge erinnert. Doch befinden wir uns noch längst nicht in jener Zone, wo Kiefern gedeihen könnten, und was hier die Felsen mit Buschwerk bekleidet, sind Wacholderbüsche.

Durch die Nässe des Untergrundes nimmt die Mückenplage wieder lästig zu. Bis zur nächsten menschlichen Ansiedlung sind es noch fünf gute Wegstunden. Bald sehen wir die erste Krüppelbirke, und schließlich betreten wir wieder den Birkenwald mit seinen vielen Mühsalen für den Wanderer.

Nicht darauf kommt es an, daß sich ein Gedanke auf alles anwenden läßt, sondern darauf, daß sich unser Verständnis dazu hindurchringt, was an einer Sache und Wesenheit das Wesentliche ist.

RUDOLF STEINER

## *Nachwort für die Erwachsenen*

Das vorliegende Lesebuch ist für diejenigen geschrieben worden, die es sich wünschen. Es hat nun bereits eine kleine Geschichte. Erstmalig erschien es im Jahre 1936 in Dresden, damals noch unter dem Titel „Kleine Pflanzenkunde für Kinder". Die Aufnahme, die es fand, war auch für den Autor eine Überraschung. Dann teilte das kleine Werk das Zeitenschicksal. Es wurde vom Unmenschen verboten, die Auflage vernichtet. Nach dem Kriege nahm sich der Novalis-Verlag des Buches an. Im Jahre 1948 erschien es in neuer Bearbeitung und unter seinem jetzigen Titel. Die vorliegende Ausgabe ist nun schon die zweite Neubearbeitung. Sie ist wiederum um vieles erweitert worden. Möge sie eine ebenso warme Aufnahme finden wie die vorhergegangenen Auflagen!

Bei der Durchsicht ergab sich, daß die Gedanken, welche der Verfasser der letzten Auflage für Eltern und Erzieher beigefügt hatte, auch heute noch Geltung haben. Deshalb soll das alte Nachwort nur wenig verändert auch dieser Auflage angefügt werden:

Man kann von Lehrern, und zwar von den besten unter ihnen, öfter die Meinung hören, daß es recht schwer sei, Kindern einen Weg zum Verständnis in der Pflanzenkunde zu weisen, viel schwerer als etwa in der Tierkunde, denn das Beseelte liegt dem Kinde von Natur aus näher. Ich teile diese Auffassung voll und ganz, soll doch die Pflanzenkunde nicht auf bloße Aufzählung und äußere Beschreibung hinauslaufen. Zwar soll keineswegs in Abrede gestellt werden, daß Beschreibungen und Aufzählungen gut und notwendig sind, aber das Herzstück des Unterrichtes ist und bleibt doch das innere Bild von den Pflanzen und den Lebensvorgängen, mit welchen sich das Kind liebend verbinden kann. Wie ich das meine, geht zwar aus meinem Lesebuch hervor, dennoch glaube ich, den Erwachsenen über die von mir angeschlagene, zweifellos ungewöhnliche Methode einige Aufklärungen schuldig zu sein.

Kein einziges Stoffgebiet, sei es, welches auch immer es wolle, bleibt ohne Einfluß auf die geistig-seelische Entwicklung des Kindes. Besser wäre es vielleicht, zu sagen, ein jedes habe eine ganz bestimmte Aufgabe zu erfüllen, die weit über das bloße Kennenlernen hinausgeht. Damit sind die methodischen Fragen in den Mittelpunkt des Interesses gerückt. Wer da meint, dem Wesen des Kindes entsprochen zu haben, wenn er einfach einen verdünnten Aufguß der Erwachsenenweisheit zurechtmacht und nur wegläßt, was für Kinder „zu hoch" ist, der irrt sich sehr. Man muß mit Kindern *anders* über Pflanzen sprechen als mit Erwachsenen, sogar ganz anders, und die Methoden müssen sich mit dem Kinde durch die Altersstufen hindurch wandeln. Nie sollte vergessen werden, daß es nicht nur eine, sondern viele Möglichkeiten des Naturverstehens gibt, und es ist ein Symptom der Beschränktheit, welche unser durch und durch materialistisches Zeitalter mit sich brachte, zu behaupten, einzig der Intellekt habe ein Recht darauf, objektiv genannt zu werden. Intellekt und Geist sind durchaus nicht dasselbe. *Wer mit den Kindern Pflanzenkunde treiben will, der muß sich im künstlerischen Bilde bewegen.* Das echte Bild vermag geistige Inhalte auszusprechen, nur anders als der Intellekt.

Macht man nun, wie ich es getan habe, den Versuch, das Leben der Pflanzenwelt in objektiven Bildern darzustellen, so wird einem oftmals mit verständnisvollem Augenzwinkern zugestanden werden, daß ein solches Vorgehen für Kinder wohl angängig, für Erwachsene jedoch unwürdig, ja lächerlich sei, weil es doch nicht der Wahrheit entspreche. Aber so ertötend es auf das Kind wirken muß, ihm das abgeblaßte Bild der Erwachsenenwissenschaft einzutrichtern, das es niemals wirklich in sich aufnehmen kann, so vernichtend ist es, ihm etwas vorzuerzählen, was man für sich selbst als unwahr ablehnen muß. Ich möchte darum ausdrücklich bemerken, daß hinter den von mir gebrauchten Bildern die Wahrheit steht, die ich auch begründen kann. Sind solche Bilder nicht spielerische Phantastereien oder abgeschmackte Vergleiche, so entwickeln sie sich wie Samenkörner und verwandeln sich später ganz von selbst weiter, ohne daß der Herangewachsene sie zu belächeln oder zu verleugnen braucht. Das bildhafte Vorstellen enthält die Kraft, in sich denkendes Begreifen zu werden.

Die wesentlichen, diesem Lesebuch eingepflanzten Ideen verdanke ich dem Studium der Werke des genialen Pädagogen *Rudolf Steiner.* Eine vieljährige Unterrichtspraxis durch sämtliche Altersstufen bis zur Hochschulreife haben mich ihre Fruchtbarkeit zu verehren gelehrt, und ich bin mir wohl bewußt, was ich diesen geistgetragenen Anregungen schuldig bin.

Herzinnigkeit ist ein selbstverständlicher Zug des kindlichen Wesens. Wer da glauben wollte, daß es nötig sei, sie durch scheinbar kindhafte Ausdrucksweise erst herzustellen, der würde gerade gegen diese natürliche Herzhaftigkeit verstoßen. Leider werden aber die Begriffe kindlich und kindisch nicht immer auseinandergehalten. Ich kann mir nicht denken, daß man Kindern die Pflanzen dadurch näherbringt, daß man z. B. immerzu Verkleinerungsformen gebraucht, vom „süßen, kleinen Veilchen" und vom „lieben Vergißmeinnicht" redet. Statt dessen soll man lieber in Bildgestaltung und Gedankenführung das Wünschenswerte hineinlegen. Weiter ist wahrlich nichts nötig, denn wo Geist waltet, da ruft er auch Begeisterung hervor. Ebenso habe ich darauf verzichtet, nur interessante Einzelheiten wie Sensationen aneinanderzureihen. Um die Unmittelbarkeit des Miterlebens nicht zu beeinträchtigen, habe ich mich ganz bewußt auf dasjenige beschränkt, was man mit bloßem Auge sehen kann. Wie weit es mir gelungen ist, den einfachen Erzählerstil fruchtbar zu machen, möge der Leser selbst beurteilen.

Es ist die der Pflanzenkunde zufallende Aufgabe, die kindliche Denkfähigkeit in Anspruch zu nehmen und zu entwickeln. Hat man doch gerade in der Pflanzenkunde die wunderbarsten Möglichkeiten hierfür, indem man zur Erklärung des einzelnen auf immer größere Lebenszusammenhänge hinweist. Vom zehnten Lebensjahr an beginnt das Kind, gefühlsmäßig nach dem Warum der Welterscheinungen zu fragen. Welch tiefgreifenden Einfluß müßte es auf die darniederliegende Denkfähigkeit der meisten Gegenwartsmenschen haben, wenn sie gerade durch einen richtigen Schulunterricht in der Pflanzenkunde ihr Denken üben und entwickeln könnten! Es ist meine Überzeugung, daß sich diese Wirkungen bis in das soziale Denken, Fühlen und Wollen hinein erstrecken könnten.

Man muß nur den Mut haben und den Weitblick aufbringen, sich solche Konsequenzen klarzumachen. Da gibt es keine Nebensachen.

Leider ist es nicht möglich, alles dasjenige in ein Lesebuch hineinzudrucken, was im persönlichen Verkehr mit Kindern entwickelt werden kann. Die Bilder, deren man sich bedienen müßte, liefen Gefahr, mißdeutet zu werden. Und dabei handelt es sich gerade hier um jene Intimitäten, welche das Kind am allermeisten berühren. Auch muß selbstverständlich zwischen dem geschriebenen und dem gesprochenen Wort unterschieden werden. Man überzeugt ganz anders, wenn das Kind einen Eindruck von der Persönlichkeit des Lehrers hat, den Klang seiner Stimme hört, seine Mienen und Gesten wahrnimmt. Der geschriebene Text muß eindeutiger und zusammengeraffter sein, als das gesprochene Wort im Unterrichte es zu sein braucht. Denjenigen Lesern, welche tiefer in die durch Rudolf Steiner inaugurierten Ideen, den Pflanzenkunde-Unterricht betreffend, eindringen möchten, sei das Schriftchen des Verfassers „Pflanze — Erdenwesen — Menschenseele" empfohlen. Es enthält auch den Wortlaut der seinerzeit in Stuttgart für die ersten Waldorflehrer gehaltenen Seminarstunden*.

Ich kann mir denken, daß die „strengen Lehrer" bei der Lektüre meines Lesebuches hie und da mißbilligend die Stirn runzeln, aber ich habe mir diesmal die Freiheit genommen, unbeschwert nur meinen eigenen Einsichten zu folgen. Mögen gute Geister meine Leitsterne gewesen sein! Wer die Methode, welche ich angeschlagen habe, nicht billigen kann, der überlasse mein Lesebuch still und friedlich denjenigen, für die es geschrieben ist. Vielleicht wird sich auch mancher Erwachsene ganz gerne nochmals als Kind betrachten und meine Belehrungen heiter und fröhlich hinnehmen. Jedenfalls haben schon die Erfahrungen mit meiner Kleinen Pflanzenkunde gezeigt, daß nicht nur Kinder mein Publikum geworden sind.

*Dr. Gerbert Grohmann*

* 1953, Verlag Freies Geistesleben, Stuttgart.